本书的视频制作得到了"乡村振兴战略下'三农'融合出版探索"项目的资助

扫码看视频·病虫害绿色防控系列

# 西瓜 甜瓜病虫害绿色防控彩色图谱

全国农业技术推广服务中心
北京市植物保护站　　组编

李金萍　尹　哲　孙贝贝　主编

U0380935

中国农业出版社
北　京

# 编委会
## EDITORIAL BOARD

# 前 言
## PREFACE

　　我国西瓜和甜瓜栽培面积、产量和消费量均居世界之首。西瓜和甜瓜经济效益高，农民种植的积极性高，但生产模式以散户经营为主，规模小，标准化管理水平不高，农药化肥使用不合理，优势产区连年种植且极端气候多发等，导致病虫害发生严重。并且种植户对病虫害缺乏了解和认识，常年使用化学农药，造成病虫害抗药性增强和产品农药残留问题突出，阻碍了西瓜、甜瓜产业的绿色发展。为帮助种植户、技术人员等正确识别西瓜、甜瓜的各种病虫害，做到科学、精准防控，减少化学农药使用量，掌握西瓜、甜瓜病虫害绿色防控技术，促进产业健康发展，编写了本书。

　　本书共收集西瓜常见病害19种，甜瓜常见病害15种，西瓜、甜瓜常见虫害12种。本书内容通俗易懂，并配有250多幅高清原色图片以及众多病害循环图，对病虫害的田间症状、分类地位、形态特征、发生特点、防治适期、防治措施等进行了详细介绍，有助于在田间对病虫害进行准确识别、鉴定。同时还提供了整套的西甜瓜病虫害绿色防控技术，包括农业防治、物理防治、生物防治、化学防治等措施，为病虫害的精准防控提供技术支撑。

　　本书编者为长期从事西瓜、甜瓜病虫害的识别、诊断和防控技术研究的专家，熟知西瓜、甜瓜病虫害的发生特点和有效的绿色防控措施，拥有丰富的实践经验，保障了本书的内容和防治技术更贴近生产一线，更能真正地帮助农民和一线的技术人员解决实际问题。

由于时间仓促，以及编者经验水平的限制，书中难免存在遗漏和错误之处，恳请广大读者批评指正。

编　者

2022年8月

说明：本书文字内容编写与视频制作时间不同步，两者若有表述不一致，以文字内容为准。

# 目 录
# CONTENTS

# PART 1
# 病　害

## 西瓜立枯病

**田间症状** 立枯病在低温多雨特别是遇寒流时可引起未出土的种子腐烂和烂芽。幼苗出土后，则在茎基部或根部出现黄褐色长条形或椭圆形的病斑，病斑凹陷逐渐环绕幼苗，绕茎一周后茎基部缢缩变细，呈蜂腰状（图1），地上部的茎叶萎蔫干枯（图2、图3）；有时在病部及茎基周围土面可见淡褐色蛛丝状物，有别于猝倒病（图4、图5）。早期病苗茎叶白天萎蔫，早、晚能恢复正常，反复几次后随着病情的发展而逐渐枯萎死亡。定植后发病，湿度小时，在根部或茎基部出现黄褐色长条形或椭圆形的病斑，

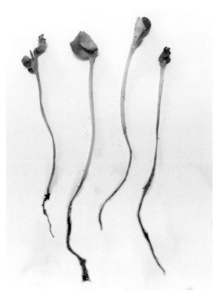

图1 苗期茎基部缢缩变细

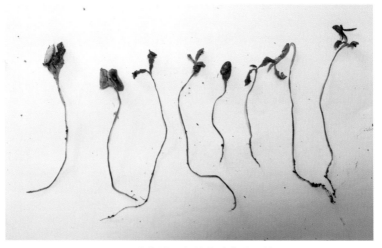

图2 苗期地上部的茎叶萎蔫干枯

病斑凹陷，绕茎一周后茎基部缢缩变细，但病株不易倒伏而呈干枯状，地上部的茎叶萎蔫干枯（图6）；湿度大时组织腐烂，病部产生淡褐色蛛丝状霉层，后期呈溃疡状（图7）。

图3　幼苗萎蔫干枯倒伏

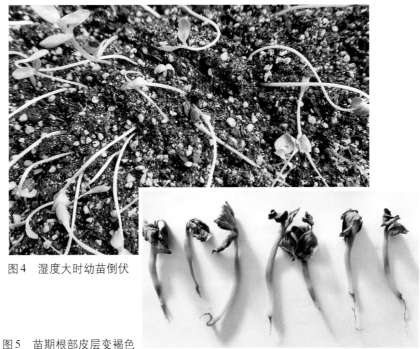

图4　湿度大时幼苗倒伏

图5　苗期根部皮层变褐色

图6　定植期茎基部缢缩变细

图7　定植期茎基部皮层变褐

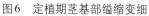
## 发生特点

| 病害类型 | 真菌性病害 |
|---|---|
| 病　原 | 立枯丝核菌（*Rhizoctonia solani*），无性型为担子菌亚门丝核菌属，有性型为担子菌亚门瓜亡革菌属（图8） |
| 越冬场所 | 病原以菌丝体或菌核在土壤中或病残体上越冬，一般在土壤中可存活2～3年 |
| 传播途径 | 病原在田间通过流水、菌土、菌肥、农事操作、地下害虫等进行传播 |
| 发病原因 | 多在苗床湿度较大时或育苗后期发生，阴雨多湿、土壤黏重、重茬发病重，大水大肥浇施、氮肥施用过多及植株生长不健壮的田块发病重 |
| 病害循环 | 病株再侵染菌丝或菌核 → 病株上的菌核、菌丝 → 菌核或菌丝在土壤中或病残体上越冬 → 遗落土中越冬 → 萌发菌丝初侵染 |

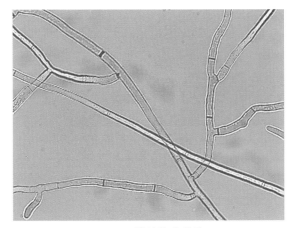

图8　立枯丝核菌菌丝

**防治适期**　宜在苗期及定植期发病初期施药，具体视西瓜的生育期、病害发生程度和天气情况而定。

**防治措施**

**1.农业防治**

（1）**苗床选地**。苗床要选在背风向阳、地势高燥的地块，苗床土要选用无病新土（无菌基质）或多年未种过瓜类、蔬菜的土壤，分次覆细干土降低床面和空气湿度，以提高土壤温度。

（2）**培育壮苗**。加强育苗期的地温管理，避免苗床地温过低或过湿，掌握适宜通风时间及通风量。育苗畦（床）及时通风、降湿，即使阴天也要适时适量通风排湿，严防瓜苗徒长染病。发生轻微沤根后，要及时松土，提高地温，待新根长出后，再转入正常管理。

（3）**电热温床育苗**。电热温床育苗是在营养钵下铺设电热线，用电热加温。电热温床具有成本低廉、床温易控、操作简便、出苗整齐、健壮的特点。采用电热温床育苗，控制苗床温度在16℃左右，一般不低于12℃。

**2.化学防治**　发病初期喷施72.2%霜霉威盐酸盐水剂400倍液、15%噁霉灵水剂450倍液、12%松脂酸铜乳油600倍液、15%咯菌·噁霉灵可湿性粉剂300～353倍液，每平方米2～3升。定植期用70%甲基硫菌灵可湿性粉剂或50%多菌灵可湿性粉剂800倍液喷雾预防，发病初期用70%敌磺钠可溶性粉剂每亩\*250～500克防治。

---

\*　亩为非法定计量单位，1亩≈667米$^2$。

## 西瓜猝倒病

**田间症状**　猝倒病病原在种子尚未出土时可引起胚茎和子叶腐烂，侵染幼苗后，在幼苗近地面处的根茎或茎基部出现黄色或黄褐色水渍状病斑，绕幼茎扩展，使幼茎干枯收缩呈线状（图9）。发病初期仅有个别幼苗发病，几天后，便以此为中心向外蔓延，引起成片幼苗猝倒（图10）。高温、高湿条件下，病部及其周围的土壤表面会生出一层白色棉絮状菌丝（图11）。猝倒病发病速度快，以致幼苗子叶尚未凋萎，幼叶仍为绿色，便倒伏而死（图12）。

图9　茎基部黄褐色水渍状病斑

图10　苗床中心株发病

图11　土壤表面的白色棉絮状菌丝

图12　幼苗倒伏

**发生特点**

| | |
|---|---|
| 病害类型 | 卵菌性病害 |
| 病　原 | 瓜果腐霉（*Pythium apha-nidermatum*），属假菌界卵菌门腐霉属（图13） |
| 越冬场所 | 病原以卵孢子、菌丝体或菌核在土壤中或病残体上越冬，一般在土壤中可存活2～3年 |
| 传播途径 | 病原在田间通过流水、菌土、菌肥、农事操作、地下害虫等进行传播 |
| 发病原因 | 在早春温度低、土壤含水量高或空气相对湿度大、通风不良时易发病。长期阴雨、苗床闷湿，加上光照不足或寒流侵袭，会加重病害发生 |
| 病害循环 | 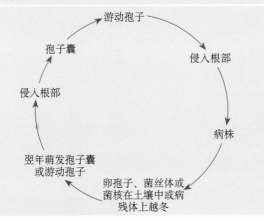 |

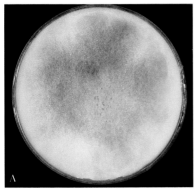
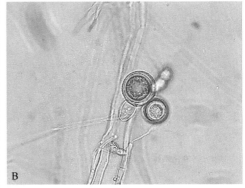

图13　瓜果腐霉

A.菌丝　B.藏卵器

**防治适期**　宜在苗期发病初期开始施药，春季育苗遇雨雪、倒春寒天气会加重发病程度，应加强防控。

**防治措施**

1. **农业防治** 参照西瓜立枯病。

2. **化学防治** 育苗土处理效果较好的药剂有60%硫黄·敌磺钠可湿性粉剂6～10克/米$^2$（毒土撒施于土壤内）、10%敌磺·福美双可湿性粉剂每亩1 670～2 000克（毒土撒施于土壤内）；幼苗发病初期可在苗床上浇灌34%春雷·霜霉威水剂12.5～15毫升/米$^2$或30%精甲·噁霉灵可溶性液剂每亩30～45毫升、72.2克/升霜霉威盐酸盐水剂5～8毫升/米$^2$、38%甲霜·福美双可湿性粉剂2～3克/米$^2$；定植期发病可选用64%噁霜·锰锌可湿性粉剂500倍液或58%甲霜灵·锰锌可湿性粉剂500倍液、75%百菌清可湿性粉剂600倍液、20%乙酸铜可湿性粉剂每亩1 000～1 500克，每隔7～10天施药1次，连续施药2～3次即可。幼苗后期猝倒病若与立枯病同时发生，可选用72.2%霜霉威盐酸盐水剂和50%福美双可湿性粉剂800倍液喷洒，每隔7～10天喷1次。

# 西瓜蔓枯病 ·······························

**田间症状** 西瓜整个生育期均可发生，以茎蔓受害最重。叶片受害时，发病初期呈黄色小圆斑，叶片发病多从叶缘开始产生V形或半圆形黄褐色轮纹斑，老叶病斑易生小黑点，干枯后呈星状开裂（图14）；茎蔓染病，主要在茎基和茎节的附近初生油渍状病斑，病斑呈椭圆形或梭形，溢出琥珀色胶状物，干后为红褐色小硬块，茎蔓表皮纵裂，表面散生小黑点（图15至图19）；果实受害后初期为水渍状病斑，中央变成褐色枯死斑，并开裂，内部组织木栓化枯死（图20、图21）。

图14 病叶星状开裂

图15 病茎初生油渍状病斑

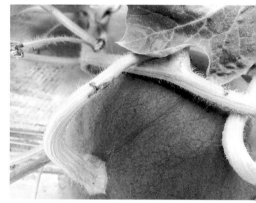

图16 病茎溢出琥珀色胶状物

图17 病茎基部梭形病斑

图18 病茎茎蔓表皮纵裂

图19 叶柄发病（深褐色条纹）

图20　幼果变褐

图21　果实中央产生褐色枯死斑

## 发生特点

| 病害类型 | 真菌性病害 |
|---|---|
| 病　原 | 黑腐球壳菌（*Didymella bryoniae*），属子囊菌亚门亚隔孢壳属，无性型为葫芦茎点霉（*Phora cucurbitacearum*）（图22） |
| 越冬场所 | 以分生孢子器或子囊壳随病残体在土壤中越冬 |
| 传播途径 | 随风雨及灌溉水及农事操作传播，种子也可带菌 |
| 发病原因 | 嫁接苗伤口愈合不良，瓜苗疯长，营养生长过旺，频繁整枝，伤口增加，温暖高湿、寡照、通风少以及连续阴雨天有利于病害发生，且阴雨天多不利于伤口愈合，病原易侵入；与瓜类蔬菜连作地块或棚室病害发生较重 |
| 病害循环 | 分生孢子 → 分生孢子器、子囊壳 → 在病残体上、土壤中越冬 → 分生孢子盘 → 分生孢子 → 健康植株伤口、茎蔓 → 病株 → 分生孢子 |

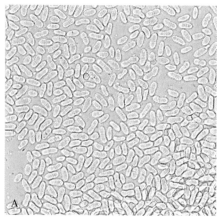
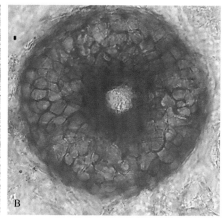

图22　黑腐球壳菌有性态

A.分生孢子　B.分生孢子器

**防治适期**　育苗期、定植初期、坐果期及果实膨大期发病前预防或发病初期开始施药，果实膨大期是关键防治时期，遇到连续阴雨天应选择晴天上午及时施药。

**防治措施**

**1.农业防治**　加强栽培管理，合理施肥，以有机肥为主，化肥为辅，增施磷钾肥及钙镁微肥，提高植株抗病性；加强通风透光，降低棚室湿度。

**2.化学防治**　防治效果较好的药剂有10%多抗霉素可湿性粉剂每亩120～140克、22.5%啶氧菌酯悬浮剂每亩35～45毫升、24%苯甲·烯肟悬浮剂每亩30～40毫升、40%苯甲·吡唑酯悬浮剂每亩20～25毫升、35%氟菌·戊唑醇悬浮剂每亩25～30毫升、43%氟菌·肟菌酯悬浮剂每亩15～25毫升、60%唑醚·代森联水分散粒剂每亩60～100克、45%双胍·己唑醇可湿性粉剂1 500～2 000倍液、325克/升苯甲·嘧菌酯悬浮剂每亩30～50毫升、560克/升嘧菌·百菌清悬浮剂每亩75～120毫升、60%唑醚·代森联水分散粒剂每亩60～100克、40%双胍三辛烷基苯磺酸盐可湿性粉剂800～1 000倍液、24%双胍·吡唑酯可湿性粉剂1 000倍液等。用药要均匀，根茎部、茎蔓及叶片应全部喷施，一般喷施3～5次，用药期间注意药剂的交替使用，防止或延缓病原产生抗药性。

## 西瓜炭疽病 ·····························

**田间症状** 叶片染病初期为黄色水渍状圆形小斑（图23），后小斑逐渐扩展并附有同心轮纹，病斑直径 0.5 ～ 1.5 厘米，易穿孔，呈褐色且外缘常伴有黄色晕圈（图24、图25）。通常病斑颜色较为均匀，上面有散生黑色小点，当环境湿度增大时，西瓜炭疽病会出现粉红色黏稠胶状物，后期病叶由于病斑干枯破碎引起早衰（图26）。若叶柄或蔓上染病，初期呈现水渍状黄褐色的梭形或长椭圆凹陷病斑，后病斑逐渐扩大并转为黑褐色，最后引起茎蔓逐渐死亡。若果柄染病，初期

图23 水渍状圆形小斑

图24 褐色病斑带有同心轮纹

图25 病斑周围黄色晕圈

图26 后期病斑干枯

幼果颜色深暗，后逐渐萎缩致死。若果实染病，初期果实上产生暗绿色油渍状小斑点，后逐渐扩大成表面凹陷并附有轮纹的圆形暗褐色病斑，通常随着病斑的生长，在中央会出现龟裂。当空气湿度大时，病斑上出现黑色小颗粒，并有粉红色黏稠状的分生孢子团，严重时，病斑连片，西瓜腐烂，失去商品性，从而造成减产（图27、图28）。

图27 发病中期病株

图28 发病后期病株

## 发生特点

| 病害类型 | 真菌性病害 |
|---|---|
| 病　原 | 瓜类炭疽菌（*Colletotrichum orbiculare*），属半知菌亚门黑盘孢目刺盘孢属（图29） |
| 越冬场所 | 主要以分生孢子、菌丝体或菌核在病残体上、土壤中越冬，菌丝体也可附着在种子表面越冬 |
| 传播途径 | 分生孢子借气流、雨水飞溅、农事操作及植株病、健部之间的接触等传播 |
| 发病原因 | 连作、排水不良、地下水位高的田块发病较早、较重；早春多雨、夏天闷热多雨的年份发病重；种植过密，通风透光条件差、大水大肥浇施、氮肥施用过多及植株生长不良的田块发病重 |
| 病害循环 | 病株 → 菌丝 → 休眠菌丝体、菌核 → 在病残体上、土壤中越冬 → 产孢细胞 → 分生孢子 → 健康植株伤口、茎蔓 → 病株 |

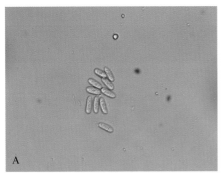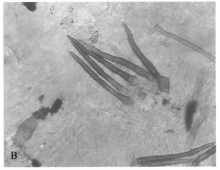

图29　瓜类炭疽菌（葫芦科刺盘孢）

A.分生孢子　B.刚毛

**防治适期**　早春定植期、坐果期及果实膨大期发病前预防或发病初期开始施药，夏季高温多雨应加强防控。

**防治措施**

### 1. 农业防治

（1）**轮作**。合理选地与轮作，实行与非瓜类作物3年以上的轮作。

（2）**种子处理**。在播种前应将种子进行消毒处理，用50～55℃的温水将种子浸泡20～30分钟，或者用4%甲醛100倍液浸种30分钟，将种子表面附带的病原杀死，清水洗净后得到无菌种子，再催芽播种。也可用2.5%咯菌腈悬浮种衣剂消毒包衣，使用浓度为种子重量的0.4%～0.5%，包衣后稍经晾干即可播种。

（3）**肥水管理**。施入充足的基肥，基肥应以充分腐熟的有机肥为主，适当增施磷钾肥，促使植株长势健壮，增强抗病力；灌水根据天气情况而定，避免大水漫灌。水量应适当，灌水太多会加重病害，不利于植株的健康生长；通风效果不好，或者种植密度过大，茎叶郁闭，光合作用受到抑制，植株长势不健壮等都可导致炭疽病的严重发生。

**温·馨·提·示**

叶面适当喷洒氨基寡糖素或叶面肥，可以增强植株的抗病力。

### 2. 生物防治　10亿cfu/克多粘类芽孢杆菌可湿性粉剂，用量为每亩100～200克，发病初期连续施药3～4次，间隔5～7天用1次药。

### 3. 化学防治　定植初期、坐果期易发炭疽病，药剂防治应根据生产季的天气情况及炭疽病发展情况制定相应的用药策略。

在发病初期及时用药，可取得较好的防治效果。可选用250克/升吡唑醚菌酯乳油每亩15～30毫升、10%苯醚甲环唑水分散粒剂每亩65～80克、250克/升嘧菌酯悬浮剂830～1 250倍液、22.5%啶氧菌酯悬浮剂每亩40～50毫升、80%代森锰锌可湿性粉剂每亩125～187.5克、70%甲基硫菌灵可湿性粉剂每亩40～50克、40%苯甲·啶氧悬浮剂每亩30～40毫升、30%吡唑醚菌酯·溴菌腈水乳剂每亩50～60毫升、325克/升苯甲·嘧菌酯悬浮剂每亩30～50毫升、25%咪鲜·多菌灵可湿性粉剂每亩75～100克、560克/升嘧菌·百菌清悬浮剂每亩75～120毫升、75%肟菌·戊唑醇水分散粒剂每亩10～15克、80%福·福锌可湿性粉剂每亩125～150克。

## 西瓜枯萎病 ··········

　　枯萎病是西瓜种植的一种毁灭性土传病害，各地西瓜种植区均有发生。一般发病率在30%，严重地块达80%，甚至造成绝产。枯萎病是造成西瓜产量损失和品质下降的一个重要因素。

西瓜枯萎病

**田间症状**　　在西瓜生育期的各个阶段均有发生，以坐果期和果实膨大后期发病最重。幼苗期发病会导致出苗前烂种，幼苗受害。出苗后发病的最初症状表现为嫩叶上出现轻微褪绿，老叶失水萎蔫呈下垂态，茎基部褐色缢缩，瓜苗倒伏，拔出瓜苗其根部呈黄褐色甚至腐烂，植株在苗期发病会迅速死亡（图30、图31）。成株期发病主要为害叶片和茎蔓，在茎蔓表现症状后，其基部叶片初期失绿、下垂，生长缓慢呈萎蔫状，午时植株萎蔫明显，但早、晚可恢复正常，似缺水状，发病3～7天后其植株基部叶片黄化、出现水渍状病斑、颜色不断加深变褐、叶片软化、形成不定根、植株萎蔫且不可恢复，大部分叶片边缘坏死，最终死亡（图32、图33）。大多数情况下全株发病，随着病情逐步加重，发病植株茎基部和茎上部有时纵裂，偶尔会有胶状物质流出（图34至图36），剖开发病植株茎部可见维管束明显变为褐色（图37），湿度大时茎基部长出白色菌丝层，偶尔可见

图30　苗期老叶失水萎蔫呈下垂态

图31　苗期茎基部褐色收缩

图32　成株期午时植株萎蔫明显

图33　结果期大部分叶片边缘坏死

图34　发病植株茎基部纵裂

图35　发病植株茎基部有胶状物质流出

图36　发病植株茎基部形成褐色条状斑

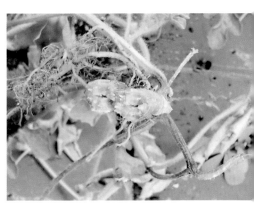

图37　维管束变为褐色

淡红色黏质分泌物（即病原产孢体和分生孢子）（图38、图39），根部须根和根毛减少（图40），发病严重的植株根部腐烂。发病中后期，偶见病株部分茎蔓发病，同株上其他蔓正常（图41）。

图38 发病植株茎基部长出白色菌丝层

图39 发病部位产生粉色霉层

图40 根部须根减少

图41 植株茎蔓发病

## 发生特点

| | |
|---|---|
| 病害类型 | 真菌性病害 |
| 病　原 | 尖孢镰刀菌西瓜专化型（*Fusarium oxysporum* f. sp. *niveum*），属半知菌亚门镰刀菌属（图42） |
| 越冬场所 | 可在种子上越冬，也可在土壤、农残体或未腐熟的有机肥中越冬 |
| 传播途径 | 病原在田间通过流水、土壤、肥料、土壤耕作、农事操作、地下害虫等进行传播 |
| 发病原因 | 根系发育不良、根部受伤或发生根结线虫病、连作、自根苗、土壤质地黏重、土壤过分干旱的地块发病严重，另外，土壤酸化、秧苗老化、沤根也易加重病害。降水量大，雨后突晴或时雨时晴，日照少，过量施氮肥，磷钾肥不足，施用未充分腐熟的带菌粪肥等，都有利于病害发生。尤其在连续降雨后，天气突然转晴、气温迅速上升时，发病迅速 |
| 病害循环 | 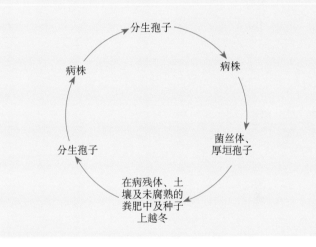 |

图42　尖孢镰刀菌西瓜专化型分生孢子

**防治适期** 宜在苗期发病初期开始施药，果实膨大期是防治关键时期。

**防治措施**

### 1. 农业防治

（1）**地块选择**。选择前茬未发生该病且通气性好的地块种植，特别是3年以上未种过西瓜的地块为佳，避免连作引发西瓜枯萎病。

（2）**土壤消毒**。①土壤太阳能消毒。在西瓜收获后的高温晴热季节，整地作畦，用黑色地膜覆盖，边缘压实，再搭建小棚，盖上透明的棚膜，地膜厚度应在0.008毫米以上，棚膜也可采用上季旧棚膜压实密闭，保持15天以上，使土壤温度达到40℃以上，累积时间300～350小时，撤除覆盖物，5～7天定植瓜苗。②土壤药剂消毒。在轮作困难的地区，连作2年以上的大棚或田块，建议进行土壤药剂消毒。

生物熏蒸剂：将20%辣根素水乳剂每亩3～5升加入施肥罐，覆膜后通过滴灌系统随水均匀滴于土壤表面。因辣根素对人体有极强刺激性，施药时必须穿戴专业防护用具，如眼罩、口罩、手套、防护服等。施药后密闭棚室5～7天，敞气2～3天即可定植。施肥装置选用压差式或文丘里式。

> **温馨提示**
>
> 施药前先用清水将药剂稀释，再将稀释液倒入施肥罐中。施药后需用清水冲洗管道，防止设备被腐蚀。

棉隆土壤消毒：使用98%棉隆微粒剂35～40克/米²。使用棉隆前，先进行深翻30厘米左右，再用旋耕机进行打地，使土壤颗粒细小而均匀，保持土壤湿度60%～70%；施药覆膜，将棉隆均匀撒施在土壤中，然后用旋耕机再次打匀，施药方法根据不同需要有全地撒施、沟施、条施等，每处理30厘米深度所需剂量为30～50克/米²，土传病害严重时用高剂量，轻则用低剂量，施药后密闭覆膜（最好用无透膜或用塑料膜进行覆盖）10～15天；之后揭去薄膜，按同一深度30厘米进行松土，透气7天以上，再取土以甘蓝、白菜或其他易发芽种子做安全发芽试验，试验种子安全发芽后才可再进行活化和育苗。

（3）**嫁接**。可有效防止西瓜枯萎病的发生，还可利用砧木根系耐低温、耐渍湿、抗逆力强和吸肥力强的特性，促进植株生长旺盛，提高抗病性、增加产量。最常用的砧木是大籽南瓜（日本新佐系列）、小籽南瓜（京欣砧4、京欣砧8和京欣砧9）以及葫芦（俑砧系列），嫁接后可显著提高西瓜抗枯萎病的能力。

（4）水肥管理。主要措施包括合理施用磷钾肥和充分腐熟的粪肥；适当中耕，提高土壤透气性，促进根系粗壮，增强抗病力；膜下滴灌、小水沟灌，忌大水漫灌，及时清除田间积水；发现病株及时拔除，收获后清除病残体，减少病原积累。

**2．生物防治**　预防或发病初期可选用4%嘧啶核苷类抗菌素水剂400倍液或4%春雷霉素可湿性粉剂100～200倍液，5亿cfu/克多粘类芽孢杆菌KN-03悬浮剂每亩3～4升，10亿cfu/克解淀粉芽孢杆菌可湿性粉剂每亩15～20克（育苗期泼浇）、每亩80～100克（移栽或定植期灌根），10亿cfu/克多粘类芽孢杆菌可湿性粉剂每亩500～1000克，6亿个孢子/克哈茨木霉可湿性粉剂330～500倍液，80亿个/毫升地衣芽孢杆菌水剂500～700倍，1%申嗪霉素悬浮剂500～1000倍液进行灌根，间隔5～7天用1次，连续用药2～3次。

**3．化学防治**　发病初期可选用70%敌磺钠可溶性粉剂每亩250～500克，98%噁霉灵可溶性粉剂2000～2400倍液，15%络氨铜水剂200～300倍液，15%咯菌·噁霉灵可湿性粉剂300～353倍液，50%甲基硫菌灵悬浮剂每亩60～80克，56%甲硫·噁霉灵可湿性粉剂600～800倍液，39%精甲·嘧菌酯悬乳剂每亩50～100毫升，40%五硝·多菌灵可湿性粉剂0.6～0.8克/株灌根；也可选用50%咪鲜胺锰盐可湿性粉剂800～1500倍液、10%丙硫唑水分散粒剂600～800倍液根茎部及叶面喷雾，每隔7～10天1次，连续防治2～3次。

## 西瓜叶枯病

西瓜叶枯病

**田间症状**　叶枯病多发生在西瓜生长中后期，主要为害叶片，也可为害叶柄、瓜蔓和果实。苗期子叶感病时，叶缘处首先出现点状的水渍状病斑，后逐渐发展为淡褐色至褐色的圆形或半圆形水渍状病斑。感病叶片背面的叶缘或叶脉间呈现明显的点状水渍状斑，湿度大时叶片青枯。湿度小、气温高时，会形成褐色的圆形小病斑（图43、图44），并布满全叶后连合成大病斑（图45至图48），形成枯叶，造成植株早衰（图49）。发病的茎蔓处稍凹陷的病斑为菱形或椭圆形。果面上病斑为圆形且凹陷的褐色病斑，发病后期引起果肉腐烂，湿度大时可长出黑色霉状物。

图43　叶片发病中期（叶面）

图44　叶片发病初期（叶背）

图45　全叶病斑连合形成大病斑（叶面）

图46　全叶病斑连合形成大病斑（叶背）

图47　叶缘病斑连合形成大病斑（叶面）

图48　叶缘病斑连合形成大病斑（叶背）

图49　枯　叶

## 发生特点

| 病害类型 | 真菌性病害 |
|---|---|
| 病　原 | 瓜链格孢菌（*Alternaria cucumerin*），属半知菌亚门链格孢属（图50） |
| 越冬场所 | 病原以菌丝体和分生孢子在种子上越冬，也可在土壤、农残体或未腐熟的有机肥中及种子上越冬 |
| 传播途径 | 种子和病残体上的菌丝体和分生孢子成为翌年的初侵染源，再侵染主要是由分生孢子通过风雨传播 |
| 发病原因 | 在多雨天气或相对湿度高于90%时，病害较易流行和暴发。一般连作地偏施或重施氮肥，或土壤瘠薄、积水，加之植株抗病力弱的情况下，有利于病害发生 |
| 病害循环 | 先后侵入老叶及幼嫩组织　←　分生孢子　←　先后侵入老叶及幼嫩组织　←　分生孢子　←　在病残体、土壤及未腐熟的有机肥中越冬，种子上越冬　→　菌丝体、分生孢子　→　先后侵入老叶及幼嫩组织 |

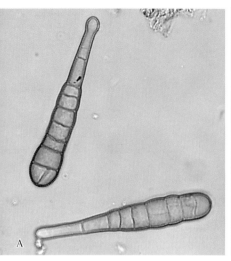
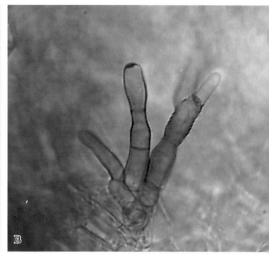

图50　瓜链格孢菌

A.分生孢子　B.分生孢子梗

**防治适期**　宜在西瓜生长中后期开始施药。

**防治措施**

**1.农业防治**

（1）**清理田园**。西瓜收获后及时清理田园，病残体不要堆放在田边或棚室内，要集中移出田外发酵处理，同时整地时要深翻晒土，减少菌源。

（2）**种子处理**。催芽前用55℃温水浸种15分钟后，再用25%百菌清可湿性粉剂或50%异菌脲可湿性粉剂1 000倍液浸种2小时，用自来水冲洗干净药液后催芽。

（3）**田间管理**。避免偏施氮肥，增施磷钾肥。定植后适当控水，保护地要及时通风散湿，露地雨后及时排水，发病后严格控制浇水，切忌大水漫灌，禁止下雨前浇水。

**2.化学防治**　在发病初期或降雨前，可选用12%苯甲·氟酰胺悬浮剂每亩40～67毫升或75%百菌清可湿性粉剂900～1 000倍液、50%福美双可湿性粉剂900倍液、25%咪鲜胺乳油1 500倍液、70%代森锰锌可湿性粉剂900倍液，每隔7～10天用药1次，防治2～3次。

# 西瓜白粉病 ·······························

**田间症状** 该病是西瓜的常见病害，在西瓜整个生育期都可染病，特别是设施西瓜，生长中后期相对发生较重。主要为害叶片，也可为害茎部和叶柄，一般不为害果实，且瓜蔓下部老叶先发病。初期在叶片正面产生褪绿变黄近圆形斑点，不久叶面或叶背产生近圆形星状小粉斑，随后病斑上产生白色粉状物（即病原分生孢子）（图51），环境适宜时，迅速蔓延，病斑逐步向四周扩展成连片的大型白粉斑，整片叶片布满白粉，严重时病斑上产生黄褐色小粒点，后小粒点变黑，即病原的有性子实体。茎部和叶柄发病时，布满白粉（图52），植株早衰、生育期缩短，西瓜含糖量降低，产量和品质显著下降。

西瓜白粉病

图51 叶面病斑上产生白色粉状物

图52 茎部和叶柄布满白粉

**发生特点**

| 病害类型 | 真菌性病害 |
| --- | --- |
| 病　原 | 苍耳单囊壳白粉菌（*Podosphaera xanthii*），属子囊菌亚门单囊壳属（图53） |
| 越冬场所 | 以菌丝体和分生孢子附着在土壤里的植物残体上或在寄主植物体内越冬 |
| 传播途径 | 翌年春天气温升高，弹射出子囊孢子，进行初次侵染，发病后病部又产生大量分生孢子，借气流和雨水溅射传播，进行多次再侵染，使白粉病迅速扩展蔓延 |
| 发病原因 | 生产上高温干燥与高温高湿交替出现，又有大量菌源时很易流行成灾。一般光照不足、施肥不足、长势不足、浇水过多、氮肥过多、瓜蔓过密、通风不良、后期脱肥、管理粗放等情况下，较易发生病害，且蔓延迅速、为害严重。特别在4月下旬到5月上旬，气温回升较快，大棚西瓜常处于高温干旱与高温高湿交替的小气候环境，病害易流行暴发 |
| 病害循环 | 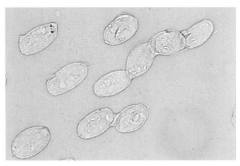 |

图53　苍耳单囊壳白粉菌分生孢子

**防治适期** 宜在西瓜生长中后期开始施药。

**防治措施**

　　1.**农业防治**　合理密植，及时整枝理蔓，适时清除老叶、病叶，以利于通风透光。避免偏施氮肥，增施磷钾肥。定植后适当控水，保护地要及时通风散湿，露地雨后及时排水，发病后严格控制浇水，切忌大水漫灌，禁止下雨前浇水。

**2. 生物防治**　在发病前或发病初期选用枯草芽孢杆菌可湿性粉剂1 000倍液喷雾，每5～7天喷1次，喷施次数视病情而定。

**3. 化学防治**　在发病初期，可选用50%醚菌酯干悬浮剂3 000倍液、10%苯醚甲环唑水溶性粉剂1 000倍液、40%氟硅唑乳油4 000倍液、15%三唑酮可湿性粉剂1 000倍液、80%硫黄水分散粒剂每亩233～267克、30%氟菌唑可湿性粉剂每亩15～18克、200克/升氟酰羟·苯甲唑悬浮剂每亩40～50毫升、50%苯甲·硫黄水分散粒剂每亩70～80克、42%寡糖·硫黄悬浮剂每亩100～150毫升、42.4%唑醚·氟酰胺悬浮剂每亩10～20毫升、40%苯甲·嘧菌酯悬浮剂每亩30～40毫升。

温 馨 提 示

　　叶面喷雾量一定要大，而且要喷均匀，所有叶片都要喷上，在棚内温度超过35℃时不宜喷药，花期避免使用三唑类药剂，采收前7天停止用药。

## 西瓜灰霉病

**田间症状**　苗期和成株期均可发病，主要为害叶片和茎秆。苗期染病，先是心叶受害，后枯死，瓜农称烂头。叶片染病，多从叶尖和叶缘开始发病，病斑初为水渍状，从叶尖或叶缘向基部呈V形扩展（图54、图55），并产生深褐色轮纹，有时病斑长出少量灰褐色霉层，为害严重时，叶缘干枯卷曲（图56、图57）。茎蔓染病后，茎部腐烂，茎蔓折断，引起烂秧（图58、图59）。果实染病先从花器开始发病，残留的柱头或花瓣被病原侵染后，病菌向果柄、果面扩展，被害果面呈灰白色、软腐。

图54　病斑呈 V 形扩展

图55　叶片发病初期叶背

图56　病斑产生深褐色轮纹

图57　叶缘干枯卷曲

图58　茎蔓折断

图59　茎蔓染病

## 发生特点

| 病害类型 | 真菌性病害 |
|---|---|
| 病 原 | 灰葡萄孢（*Botrytis cinerea*），属半知菌亚门葡萄孢属（图60） |
| 越冬场所 | 病原以菌核、分生孢子及菌丝体随病残体在土壤中越冬 |
| 传播途径 | 越冬后土壤中的菌核在适宜的条件下产生分生孢子，借风雨在田间传播，成为初侵染源。发病后又产生大量分生孢子，靠气流、雨水、灌水、农事操作或架材等传播，进行再侵染 |
| 发病原因 | 病原喜低温、高湿和弱光条件。尤其是秋冬茬设施栽培，低温寡照，相对于正常季节栽培植株长势偏弱，有利于灰霉病的发生。遇到雨雪天气时不能及时放风，大棚内光照不足、气温低、湿度大，植株叶面结露时间长，灰霉病易严重发生 |
| 病害循环 | 先从伤口入侵根、叶片、茎、花 → 再侵染 → 分生孢子 → 分生孢子、菌核、菌丝体 → 随病残体在土壤中越冬 → 菌核 → 分生孢子 |

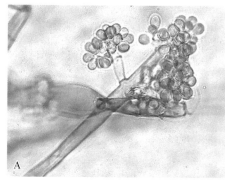
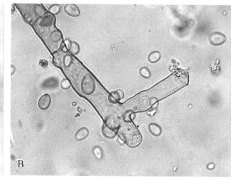

图60 灰葡萄孢

A.帚状分生孢子梗和分生孢子　B.分生孢子梗和分生孢子

**防治适期** 宜在西瓜苗期及生长中后期开始施药。

**防治措施** 加强保护地西瓜的栽培管理，控制棚室的湿度并结合药剂防治是防治西瓜灰霉病的有效方法。

**1. 农业防治** 采用膜下滴灌技术，加强通风换气，控制土壤和空气湿度，发现病情，及时摘除病花、病果、病叶，并疏花，集中深埋或烧毁，保持棚内清洁。增施磷钾肥，在植株生长中后期，施行叶面追肥，促使西瓜植株生长稳健，增强抗病性。

**2. 生物防治** 可选用3亿个孢子/克木霉菌水分散粒剂每亩125～167克或1 000亿cfu/克枯草芽孢杆菌可湿性粉剂每亩50～70克，叶面喷雾，喷药次数视病情而定。

**3. 化学防治** 发病初期，可选用25%啶酰菌胺悬浮剂每亩67～93毫升，38%唑醚·啶酰菌悬浮剂每亩40～60毫升，500克/升氟吡菌酰胺·嘧霉胺悬浮剂每亩60～80毫升，30%啶酰·咯菌腈悬浮剂每亩45～88毫升，40%嘧霉·啶酰菌悬浮剂每亩117～133毫升，以上药剂交替轮换使用，每隔7～10天喷1次，连续喷2～3次。

## 西瓜霜霉病

**田间症状** 霜霉病只为害西瓜叶片，感染后西瓜叶片上出现水渍状褪绿小点（图61、图62），而后发展为黄色小斑，扩大后因受叶脉限制形成多角形

图61　发病初期病叶出现黄绿色斑点

图62　发病初期病叶上黄绿色斑点透视观

黄褐色病斑，潮湿时叶背病斑处长出紫黑色霉状物（图63、图64），严重时病斑连合成片，使叶片干枯卷缩，病害从下部叶片向上扩展蔓延，最后仅剩顶部3～5片嫩叶。一般在昼夜温差大，多雨有雾结露的情况下，病害易发生。

图63　发病中期叶背病斑长出灰黑色霉

图64　叶背黑色霉的叶面呈边缘不明显的黄绿色病斑并变褐坏死

## 发生特点

| 病害类型 | 卵菌性病害 |
| --- | --- |
| 病　原 | 古巴假霜霉菌（*Pseudo-peronospora cubensis*），属卵菌门霜霉科假霜霉属（图65） |
| 越冬场所 | 病原主要以孢子囊在叶片上越冬 |
| 传播途径 | 通过气流、雨水或害虫（黄守瓜）传播，从寄主气孔或直接穿过表皮侵入；主要侵害功能叶，幼嫩叶片或老叶受害少 |
| 发病原因 | 结果期多雨、多露、多雾天气发病重，灌溉频繁、地势低洼的地块发病较重；昼夜温差大、阴晴交替易造成病害发生；通风不良、氮肥缺乏地块发病重 |
| 病害循环 | 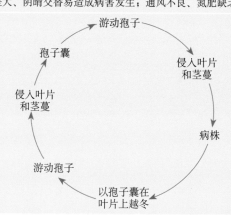 |

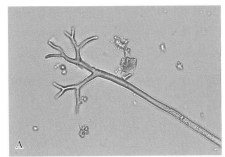
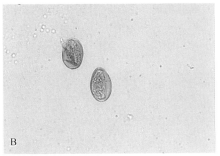

图65　古巴假霜霉菌

A.孢囊梗　　B.孢子囊

**防治适期**　宜在西瓜结果期防控，低温多雨天气注意加强防控。

**防治措施**　控制棚室的湿度并结合药剂防治是防治西瓜霜霉病的有效方法。

1.**农业防治**　采用膜下滴管技术，加强通风换气，利用通风控制土壤和空气湿度，发现病情，及时摘除病叶，保持棚内清洁。在植株生长中后期，施行叶面追肥，促使西瓜植株生长稳健，增强抗病性。结果后及时打去底部老叶，增加田间通透性等。

2.**化学防治**　发病初期，可选用68.75%氟菌·霜霉威悬浮剂1 000倍液、52.5%噁唑·菌酮1 500倍液等高效专性杀菌剂防治。当病情稳定后，再选用常规药剂，如66.5%霜霉威盐酸盐水剂600～1 000倍液、40%霜霉威盐酸盐水剂400～700倍液、72%霜脲氰·代森锰锌可湿性粉剂600～750倍液、69%烯酰吗啉·代森锰锌可湿性粉剂500～1 000倍液、20%二氯异氰尿酸钠可溶性粉剂300～400倍液、60%灭克·锰锌可湿性粉剂500～1 000倍液喷雾，每隔7～10天喷1次，共喷4～6次。这样用药既降低了防治成本，也避免了病原对高效专性杀菌剂产生抗药性。

## 西瓜疫病 ············································

**田间症状**　幼苗期和成株期的植株均易发病。幼苗发病初期在植株叶片上出现水渍状病斑，茎部形成水渍状缢缩，严重时造成幼苗猝倒（图66）。成株期植株发病后，叶片颜色变为淡绿色，后期萎蔫，发病叶片易脱落；茎基和茎上部出现黑褐色

西瓜疫病

病斑，病斑边缘不明显，湿度大时，发病部位产生白色菌丝层，拔出发病植株可见发病植株的侧根部分或全部变黑褐色，湿腐状，严重时主根也变色，剖开发病部位见内部维管束变黄褐色（图67）。除为害植株外，果实也可受害，造成果实褐色腐烂，病斑表面产生白色绵毛状物（图68至图70）。

图66　幼苗期植株受害状

图68　果实受害中期

图67　成株期受害状

图69　果实受害后期发生褐色腐烂

图70　腐烂处表面产生白色绵毛状物

## 发生特点

| 病害类型 | 卵菌性病害 |
|---|---|
| 病　原 | 掘氏疫霉（*Phytophthora drechsleri* Tucker）和辣椒疫霉（*Phytophthora capsici* Leonian），均属假菌界卵菌门疫霉属（图71） |
| 越冬场所 | 病原主要以卵孢子或厚壁孢子随病残体在土壤中越冬 |
| 传播途径 | 孢子囊通过气流或风、雨水飞溅、食叶害虫传播。初侵染发病后又长出大量新的孢子囊，主要随灌溉和雨水以及农事活动进行传播。植株伤口有利于病原侵入，并可发生多次侵染 |
| 发病原因 | 多雨、潮湿的天气条件是病害流行的关键因素，大雨后骤晴，气温急剧上升，病害最易流行；连作地块，特别是往年曾发病的地块发病重；土壤黏重、氮肥过多、定植过密、通风透光性差、管理粗放的地块发病重 |
| 病害循环 | |

病害循环图：

游动孢子 → 侵入根、茎和叶片 → 病株 → 卵孢子、厚壁孢子随病残体在土壤中越冬 → 孢子囊 → 侵入根、茎和叶片 → 孢子囊 → 游动孢子

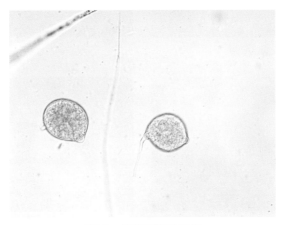

图71　辣椒疫霉孢子囊

**防治适期** 宜在西瓜定植期、结果期防控，低温多雨天气注意加强防控。

**防治措施**

**1. 农业防治** 设施栽培应采用膜下渗浇小水或滴灌，节水保温，以利降低棚室湿度。防止越冬病原传播，发现病株及时拔除，集中深埋或烧毁，不用未腐熟、带有病残体的有机肥。

**2. 化学防治** 可喷洒72%霜脲·锰锌可湿性粉剂700倍液或50%烯酰吗啉可湿性粉剂2 500倍液、25%双炔酰菌胺2 500倍液、70%乙磷铝·锰锌可湿性粉剂500倍液、72.2%霜霉威盐酸盐水剂800倍液、58%甲霜灵·锰锌可湿性粉剂500倍液、64%噁霜·锰锌可湿性粉剂500倍液，隔7～10天施1次，连续防治3～4次。必要时还可用上述杀菌剂灌根，每株灌兑好的药液0.25～0.4升，如能喷施与灌根同时进行，防效更佳。

# 西瓜菌核病

**田间症状** 植株的茎部、叶片和果实均可受害。成株期受害，多见于蔓交叉或叶柄处，病斑初呈水渍状，表皮暗绿色，后逐渐长出棉絮状菌丝，潮湿时，菌丝生长迅速呈浓密绒毡状（图72）；随着病部的扩大和菌丝的生长，5～7天后形成菌核，包裹着病部，病部以上部分失水枯死（图73、图74）。叶片发病，多呈圆形或近圆形水渍状斑，后逐渐扩大，多具明显或隐或现的轮纹，随病斑的扩大叶片软腐，向叶柄、茎蔓黏附感染，干旱时病叶病斑易破碎（图75）。果实受害，多从蒂部形成油渍状斑点，并逐渐扩大，后变为暗绿色圆形凹陷，

西瓜菌核病

图72 蔓上形成白色霉层（菌丝）

图73 蔓上长有黑色菌核

其病部上长出棉絮状菌丝，后期整个果实湿腐形成大块不规则黑色菌核（图76至图78）。

图74 田间病株枯死

图75 病　叶

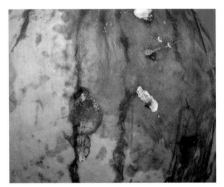

图76 果实表面油渍状病斑

图77 病部凹陷并长出棉絮状菌丝

图78 果实表面形成黑色菌核

## 发生特点

| 病害类型 | 真菌性病害 |
|---|---|
| 病　原 | 核盘菌（*Sclerotina sclerotiorum*），属子囊菌亚门核盘菌属（图79） |
| 越冬场所 | 病原主要以菌核在土壤、病残体或混杂在种子中越冬 |
| 传播途径 | 混在种子中的菌核，随播种进入田间传播蔓延；土壤中和病残体中的病原在条件适宜时产生子囊盘，释放子囊孢子，子囊孢子随空气流动扩散到植株或棚内各个角落，一旦条件适宜，即可侵染发病 |
| 发病原因 | 低温、湿度大或多雨的早春或晚秋有利于该病发生和流行，北方3～5月及9～10月发生多。连作或重茬，与十字花科及葫芦科作物轮作易发病；密植及偏施氮肥既影响棚内通风透光，又增加了棚内湿度，易发病 |
| 病害循环 | 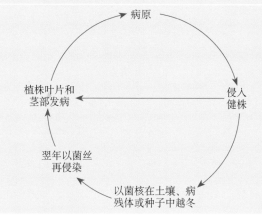 |

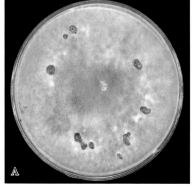
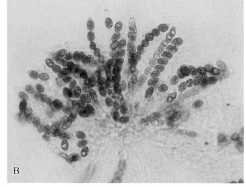

图79　核盘菌

A.菌核　B.子囊及子囊孢子

**防治适期** 宜在早春及秋茬西瓜定植后防控，低温多雨天气注意加强防控。

**防治措施**

**1.农业防治**

（1）**田园清理。** 在生产过程中及时清除棚内残枝败叶，拉秧后，及时清理瓜秧，远离棚室集中销毁。

（2）**深翻土壤。** 把菌核翻埋到25厘米以下深层土壤，防止其萌发出土。

（3）**控制湿度。** 有条件的采用滴灌水肥药一体化技术降低土壤湿度；中午温度高时，进行放风，控制空气湿度。

（4）**土壤消毒** 在夏季休棚季节，采用石灰氮熏蒸或高温闷棚的方式彻底杀灭土壤中的病原。

**2.生物防治** 发病初期施用100万个孢子/克井冈霉素、蜡质芽孢杆菌、短小芽孢杆菌每亩6.7～20克，对菌核病具有明显的抑制作用。

**3.化学防治** 可选用50%咯菌腈悬浮剂5 000倍液、50%异菌脲可湿性粉剂500倍液、50%腐霉利可湿性粉剂500倍液、50%啶酰菌胺水分散粒剂1 200倍液防治菌核病。另外，可在随缓苗水滴灌或在缓苗水后第二天灌根，用62.5%精甲·咯菌腈悬浮种衣剂每亩100毫升，预防菌核病和其他土传病害。为了避免抗药性的产生，建议轮换使用不同类型的化学农药防治。

棚室西瓜发病初期，先清除病叶或病株，再选用腐霉利烟剂或其他防治菌核病的烟剂，熏一夜，次日通风半小时。也可以喷50%腐霉利可湿性粉剂1 500倍液，或其他防治菌核病的药剂，喷雾量不能过多。视病情发展每隔7～10天防治1次，连续防治2～3次。

# 西瓜根结线虫病 ......

**田间症状** 西瓜在整个生长发育期均可感染根结线虫病。根结线虫成株期主要为害侧根和须根，发病后使其根系发育受阻，主根、侧根畸形，形成串珠状或鸡爪状根结（图80）。线虫侵染初期根结为白色，后期变成浅或深褐色，表面粗糙，严重时腐烂。剖检根结内部，可见微小的、乳白色的线虫。侵染初期对植株影响很小，随着侵染继续发生，根结变大、增多，使整个根系形成瘤状（图81）。由于根系内部营养吸收受阻及根结线虫的取食活动，显著影响植株根系活力，使地上部枝叶变黄、变小，瓜蔓枯黄，似缺水、缺肥状（图82）；后期导致落花落果，结实不良。另外，还极易受到其他病虫害的侵染，如枯萎病、花叶病毒病等。

图80　侵染根部后形成串珠状根结

图81　根部形成鸡爪状根结

图82　地上部似缺水、缺肥状

## 发生特点

| | |
|---|---|
| 病害类型 | 线虫性病害 |
| 病　原 | 南方根结线虫（*Meloidogyne incognita*），属垫刃亚目异皮科根结线虫属（图83） |
| 越冬场所 | 以卵或二龄幼虫在土壤中越冬 |
| 传播途径 | 初侵染源主要是病土、病苗及带虫灌溉水。通常借助流水、风、病土搬迁和农机具沾带的病残体和病土、带病的种子进行远距离传播 |
| 发病原因 | 土壤结构疏松、透气性好的沙质土壤中，根结线虫发病重，连作地块发病重 |
| 病害循环 | 脱离寄主进入土层中　再侵染或越冬　卵或二龄幼虫在土壤中越冬　从侧根侵入　幼虫在根结中发育至四龄后交尾产卵，孵化成幼虫后至二龄阶段 |

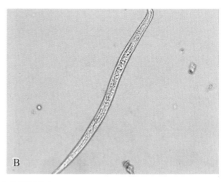

A　　　　B

图83　南方根结线虫

A.雌虫　B.雄虫

## 防治适期
宜在西瓜结果期加强防控。

## 防治措施

**1.嫁接**　可供选择的抗性砧木品种有勇砧、京欣砧4号等。

**2. 培育壮苗**　选择健康饱满的种子，50 ～ 55℃温汤浸种15 ～ 30分钟，催芽露白即可播种。苗床和基质消毒采用熏蒸剂覆膜熏蒸，每平方米苗床使用0.5%甲醛药液10千克（或者98%棉隆15克），覆膜密闭5 ～ 7天，揭膜充分散气后即可育苗；也可采用非熏蒸性药剂拌土触杀，每平方米苗床使用2.5%阿维菌素乳油5 ～ 8克，0.5%阿维菌素颗粒剂18 ～ 20克或10%噻唑膦2 ～ 2.5克。

**3. 定植期防治**　选用0.5%阿维菌素颗粒剂每亩18 ～ 20克、10%噻唑膦颗粒剂每亩1.5千克拌土均匀撒施、沟施或穴施；2亿个活孢子/克淡紫拟青霉每亩2 ～ 3千克，拌土均匀撒施。

**4. 生长期防治**　药剂拌土开沟侧施或兑水灌根施于植株根部，可用药剂有10%噻唑膦颗粒剂每亩1.5千克、0.5%阿维菌素颗粒剂每亩15 ～ 17.5克、2亿个活孢子/克淡紫拟青霉每亩2.5千克、2亿个活孢子/克厚孢轮枝菌每亩2 ～ 2.5千克、41.7%氟吡菌酰胺悬浮剂0.05 ～ 0.06毫升/株，灌根。

**5. 收获后防治**

（1）**药剂熏蒸**。①异硫氰酸酯类物质。98%棉隆每亩10 ～ 15千克、20%辣根素悬浮剂25 ～ 50克/米²、35%威百亩水剂100 ～ 150毫升/米²；②1,3-二氯丙烯（1,3-D）液剂10 ～ 15克/米²或二甲基二硫（DMDS）每亩40 ～ 50千克、硫酰氟20 ～ 30克/米²、碘甲烷20 ～ 30克/米²等；

（2）**太阳能－作物秸秆覆膜高温消毒**。收获完毕后即可进行，最好在夏休季应用，处理时间可根据茬口适当安排。可用的作物秸秆：玉米鲜秸秆每亩6 000 ～ 9 000千克、高粱鲜秸秆每亩6 000 ～ 9 000千克、架豆鲜秸秆每亩5 000 ～ 8 000千克。处理后通常可保障1 ～ 2年内安全生产。

## 西瓜细菌性角斑病

**田间症状**　主要为害叶片。发病初期，在叶片上形成水渍状黄色或黄褐色小角斑，大小为1 ～ 2毫米（图84、图85），扩展后呈多角形或圆形褐色病斑，对光观察可见病部有明显的半透明晕斑，有时叶缘也产生坏死斑，最后叶会干枯、破裂。在适宜发病条件下，发病、扩展蔓延速度很快，能使整株叶片枯死，影响结果，造成严重的经济损失。病菌还可以为害茎、叶柄及果实，初为水渍状斑，后扩大并形成一层硬的白色表皮（图86、图87）。

果实病部沿着维管束向内发展，果肉变色，最后果实腐烂（图88至图91）。

图84　水渍状淡黄色至褐色病斑

图85　叶背黄褐色病斑

图86　发病初期在嫩茎上形成淡褐色坏死斑点

图87　发病中期嫩茎上病斑发展为深褐色

图88　发病初期幼果表面产生水渍状隆起小点

图89　果实膨大期果面形成稍隆起的黄绿色泡斑

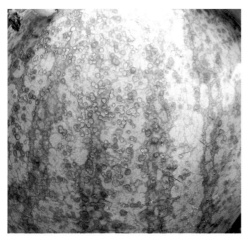

图90　果实膨大后期病斑中部灰褐色凹陷、边缘暗绿色隆起

图91　果实近成熟期果面形成淡绿色水渍状斑点

## 发生特点

| 病害类型 | 细菌性病害 |
| --- | --- |
| 病　原 | 野油菜黄单胞菌黄瓜致病变种[*Xanthomonas campest-ris* pv. *Cucurbitae*（Bryan）Dye]，革兰氏阴性菌 |
| 越冬场所 | 病原在种子上或随病残体留在土壤中越冬 |
| 传播途径 | 通过风、雨、昆虫、灌溉水及农事操作进行传播，从寄主的气孔、水孔和伤口侵入 |
| 发病原因 | 温暖高湿有利于发病 |
| 病害循环 | 叶片发病→再侵染→借风、雨、昆虫或灌溉水及农事操作传播→在种子上或随病残体在土壤中越冬→从气孔、水孔和伤口侵入→健康植株 |

**防治适期** 宜在西瓜结果期防控，低温多雨天气注意加强防控。

**防治措施**

**1. 农业防治**

（1）**培育无病菌种子**。带菌种子是引起发病的主要侵染源，同时也是病原进行远距离传播的重要途径。所以控制该病害的传播蔓延，可以加强西瓜制种基地的无病生产，防止带菌种子调运。

（2）**种子处理**。土壤是病原越冬的重要场所，应选用无菌田的无菌瓜进行留种。采用70℃恒温干热条件对种子灭菌72小时，或者将种子在50～52℃温水中浸泡20分钟，也可用新植霉素等农药浸种。

（3）**培育壮苗**。选用无病田育苗；适时调节大棚内温度、湿度；增施有机肥，若发病及时控制灌水；注意适当进行轮作，翻晒土壤，清除残留物。

**2. 生物防治** 发病初期叶面喷施3%中生菌素可湿性粉剂每亩95～110克；也可用2%春雷霉素水剂每亩140～210毫升；同时结合喷施芸苔素内酯或氨基寡糖素等植物免疫诱抗剂，提高植株抗病力。

**3. 化学防治** 发病初期可选用20%噻唑锌悬浮剂每亩100～150毫升、30%琥胶肥酸铜每亩215～230克、77%氢氧化铜可湿性粉剂每亩30～50克、36%春雷·喹啉铜悬浮剂每亩35～55毫升，间隔7～10天用药1次，化学防治时要注意药剂交替使用。

## 西瓜细菌性果斑病

**田间症状** 西瓜在整个生长期均可发生细菌性果斑病，子叶、真叶和果实均可发病。由带菌种子生长出的瓜苗在发病后1～3周即倒伏、死亡。幼苗期发病，子叶背面沿叶脉呈现水渍状病斑，子叶张开时，病斑变为暗绿色，有的扩展到叶缘发展为黑褐色坏死斑。后期侵染真叶，形成暗橙色，并伴有黄色晕圈，通常沿叶脉扩展成多角形、圆形、边缘形成V形病斑。当湿度较大时，病斑会进一步延伸至叶背后溢出白色菌脓。当湿度小时，菌脓变为灰白色薄膜状，后期病斑干枯，造成叶片穿孔或脱落。

西瓜细菌性
果斑病

果实被感染后，初期病斑只局限在果皮，形成直径仅有几毫米的绿褐色、水渍状、边缘不规则的病斑（图92、图93）。随后，病斑迅速扩展至几厘米，边缘不规则，颜色加深至黑褐色，2周左右可蔓延至整个果面（图94、图95）。病原可由表皮侵入果肉，病斑老化后，果皮龟裂，溢出黏稠透明的菌脓，严重时果肉软化腐烂，分泌出一种黏质琥珀色物质，并散发腐败性臭味，也使种子带菌（图96、图97）。

图92　绿褐色、水渍状、边缘不规则的病斑

图93　发病初期果面产出淡橄榄绿色水渍状斑块

图94　黑褐色病斑

图95　为害较重时，整个病果向阳面受害

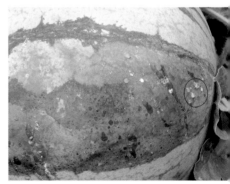

图96　发病中期病斑表面有灰白色液珠溢出

图97　发病后期病斑变褐，轻度龟裂

**发生特点**

| 病害类型 | 细菌性病害 |
|---|---|
| 病　原 | 燕麦嗜酸菌西瓜亚种（*Acidovora avenae* subsp. *citrulli*），属薄壁菌门嗜酸菌属西瓜亚种，为革兰氏阴性细菌 |
| 越冬场所 | 病原附着在种子和病残体上越冬，带菌种子是翌年的主要初侵染源 |
| 传播途径 | 田间通过雨水、灌溉水、农事操作等向四周扩散传播，远距离传播主要靠种子嫁接苗调运 |
| 发病原因 | 西瓜幼苗期或生长后期，多雨、高温、高湿、大水漫灌或喷灌易发病。尤其是生长后期出现连续阴雨或晴雨相间天气，则发病重 |
| 病害循环 | 叶片发病 → 再侵染 → 借雨水或灌溉水传播、农事操作、种子带菌等传播 → 附着在种子和病残上越冬 → 从气孔、水孔和伤口侵入 → 健康植株 |

**防治适期**　宜在幼苗期和西瓜生长后期防治，连续阴雨天气注意加强防控。

**防治措施**

**1. 农业防治**

（1）**加强种质检疫**。瓜类细菌性果斑病是我国重要的检疫性病害，进口时必须采取严格的检疫措施，杜绝带有该病病原的种子进入我国。另外，应生产无菌种子，选用值得信赖的种子公司生产的种子，用通过种质检测的种子进行原种生产和商业种子生产，选无病苗床中的幼苗进行移栽。

（2）**种子处理**。

①采种时种子处理。采种时种子与果汁、果肉一同发酵24～48小时后，随即用1%盐酸浸种15分钟，接着彻底水洗、快速风（晒）干。

②播种前种子消毒处理。种子处理是防控细菌性果斑病的关键，甜瓜种子或用于培育嫁接苗砧木的南瓜或葫芦种子等都要进行药剂消毒处理。具体方法：可用40%甲醛200倍液浸种1小时或1%盐酸浸种5分钟、1%次氯酸钙浸种15分钟、15%过氧乙酸200倍液处理30分钟、30%过氧化氢100倍液浸种30分钟。紧接着用清水彻底冲洗3～4次后再催芽播种。药剂浓度和浸种时间一定要把握好。

（3）**田间管理**。生产田应及时清除病残体，与非葫芦科作物进行3年以上的轮作，减少土壤中病原数量，对细菌性果斑病有一定的防治效果；应用地膜覆盖和滴灌设施，降低田间湿度；发现病株，及时清除。

**2. 生物防治**　发病初期叶面喷施3%中生菌素可湿性粉剂500倍液或100亿个芽孢/克枯草芽孢杆菌可湿性粉剂每亩50～60克、2%氨基寡糖素水剂每亩187.5～250毫升，每隔7天喷施1次，连续喷施2～3次，对于预防和早期治疗西瓜细菌性果斑病具有较好效果。

**3. 化学防治**　发病初期叶片喷施77%氢氧化铜可湿性粉剂1 500倍液或20%叶枯唑可湿性粉剂600～800倍液、47%春雷·王铜可湿性粉剂500～600倍液、20%异氰尿酸钠可湿性粉剂700～1 000倍液、50%琥胶肥酸铜可湿性粉剂500～700倍液，每隔7天喷施1次，连续喷施2～3次，可有效控制病害的发生和传播。

温 馨 提 示

　　开花期不能使用，否则影响坐果率，同时药剂浓度过高容易造成药害。

## 西瓜花叶病毒病 ·······················

**田间症状** 被侵染的西瓜植株呈现系统花叶症状，顶部叶片呈现深绿、浅绿相间的花叶（图98），发病叶片窄小并皱缩畸形（图99），感病较轻植株勉强可以结果，但果实个头小，果实畸形，坐果率下降（图100）；严重的病株萎缩、节间变短、新生茎纤细扭曲、叶片小、皱缩，全部蔓叶失绿变黄，雌花发育不良，不能坐果（图101）。

图98　浅绿相间的花叶

图99　叶片窄小并皱缩畸形

图100　果实畸形

图101　病株萎缩，失绿变黄

## 发生特点

| | |
|---|---|
| 病害类型 | 病毒性病害 |
| 病　原 | 西瓜花叶病毒（*Watermelon mosaic virus*，WMV），属马铃薯Y病毒科马铃薯Y病毒属病毒 |
| 越冬场所 | 在设施瓜类及多年生杂草上越冬 |
| 传播途径 | WMV主要由20多种蚜虫传播，也可以通过打杈压蔓的机械摩擦方式传播 |
| 发病原因 | 温度高易诱发该病，田间蚜量是WMV流行与否的关键因素 |
| 病害循环 | 带毒多年生寄主杂草或周年栽植茄科作物　蚜虫传毒　蚜虫传毒　田间病害流行　设施瓜类上越冬　病株　蚜虫传毒或机械摩擦传毒 |

**防治适期** 宜在幼苗期和生长期防控，高温及蚜虫盛发期注意加强防控。

**防治措施**

### 1.农业防治

（1）**避免混种**。瓜地宜远离蔬菜作物，甜瓜、西瓜、西葫芦不宜混种。

（2）**种子处理**。播前进行种子处理，用55℃温开水浸种10分钟，杀死种子表面的病毒。

（3）**田间管理**。培育健壮植株，增强植株抵抗力。发现病株，及时拔除销毁。打杈摘顶时要注意防止人为传毒。

### 2.物理防治　主要阻隔传毒媒介蚜虫。可在瓜田设置黄色粘虫板，诱杀有翅蚜。

### 3.生物防治　蚜虫始发期可选用2.5%鱼藤酮乳油每亩100毫升或2%苦参碱水剂每亩30～40毫升、23%银杏果提取物可溶性液剂每亩100～120克、1%苦参·印楝素可溶性液剂每亩60～80毫升等生物药剂进行防治。

**4. 化学防治** 病毒病发病初期喷施6%寡糖·链蛋白可湿性粉剂每亩75～100克或20%吗胍·乙酸铜可湿性粉剂每亩167～250克、5%氨基寡糖素水剂每亩86～107毫升、2%香菇多糖水剂每亩34～42毫升、2%宁南霉素水剂每亩300～417毫升、50%氯溴异氰尿酸可溶性粉剂每亩45～60克，每隔7～10天喷1次，连续喷2～3次。进入盛发期，可选用70%吡虫啉水分散粒剂每亩1.5～2克、0.12%噻虫嗪颗粒剂每亩30～50千克、5%啶虫脒微乳剂每亩20～40毫升、20%氟啶虫酰胺水分散粒剂每亩15～25克、50%抗蚜威水分散粒剂每亩12～20克、50%吡蚜酮可湿性粉剂2 000～3 000倍液、50克/升双丙环虫酯可分散液剂每亩10～16毫升、75%吡蚜·螺虫酯水分散粒剂每亩10～12克，也可以选择15%异丙威烟剂每亩250～350克，进行烟剂熏蒸。

温 馨 提 示

　　无论是叶面喷雾还是烟剂熏蒸，要注意轮换用药，延缓蚜虫产生抗药性。

## 西瓜裂果

**田间症状** 西瓜从幼果到成熟期都可以发生裂果现象，裂果主要集中发生在3个时期：第一是幼果期，也就是坐果之后、膨果之前出现裂果（图102）。第二是膨果期，指浇完膨果水、施完膨果肥以后出现裂果（图103、图104）。第三是果实着色上糖期，西瓜已经长成，在上市前的8～10天出现裂果（图105）。裂果主要症状表现为横向和纵向不规则开裂，有的从花蒂处产生龟裂，严重的整个瓜裂开落地。

图102 幼果期裂果

图 103 膨果期裂果

图 104 膨瓜期花蒂处裂果

图 105 着色上糖期裂果

**发病原因** 幼果期裂果有两个原因，一个是激素（西瓜授粉使用的植物生长调节剂）浓度过大，或者喷花时温度过高，就会出现幼果开裂的现象；一个是环境温差过大，如果遇到剧烈降温天气，导致西瓜生长环境温差过大，易引起裂果。膨果期裂果主要是由于膨果期前控水，膨果期大量浇水或遇大雨造成裂果，偏施或过施氮肥，瓜皮生长速度不及瓜肉生长速度也常造成裂果。着色上糖期出现裂果的原因主要是缺钙、水分失调、环境温差过大。

**防治措施**

1. **品种选择** 选择抗裂性强的西瓜品种。

2. **坐果期管理** 坐果期要严格根据棚温选择合适的激素浓度，千万不要随意加大浓度。做好棚室保温，尤其是要保持夜温稳定，同时及时补充钙肥，提高植株抗逆能力。

**3.膨果期科学施水肥** 第一次施膨果水、膨果肥一定要采取大水大肥的方式，水要浇透，亩施15～20千克的氮磷钾平衡肥；第二次水量要比第一次小，冲施高钾型肥料。浇完第二水，瓜地还是比较旱，可以再浇1次小水，采收前10～12天禁止浇水。

**4.膨果期温度管理** 膨果期要采取高温管理，促进果实快速膨大。到了着色上糖期，环境温度就要开始下降。如果这个时期遇到降温天气，一定要做好棚室保温工作，尤其是要保持稳定的夜温，避免因昼夜温差过大或者整体温差过大造成裂果。

# 西瓜生理性急性萎蔫

**田间症状** 生理性急性萎蔫多发生在嫁接西瓜坐果前后至果实成熟期，主要在收获初期发生，连续阴雨天气最易发生。发病初期病株叶片白天萎蔫，夜间略有恢复，3～4天后加重，以致全株枯萎（图106、图107）。

图106 急性萎蔫初期症状

图107 急性萎蔫后期症状

叶片除枯萎外，其他变化很小，根、茎除稍有发黄外，也无其他明显变化，维管束闭塞，水分运输受抑制，造成茎叶脱水凋萎，似枯萎病，但颈部维管束不发生褐变，区别于枯萎病。

**发病原因**　选择砧木不当，如采用黑籽南瓜和葫芦砧木嫁接易发病。劈接法易发病。留果过多及功能叶片数不足易发病。土壤温度过高，根系出现高温障碍，造成根系活力下降，吸收能力较差，易发病。连续阴雨天，光照不足也会加剧采用葫芦和南瓜砧木嫁接植株的生理性急性萎蔫。

**防治措施**

1. **砧木选择**　选择合适的砧木和优良品种。

2. **嫁接方法**　改变嫁接方法，建议采用插接法。

3. **加强田间管理**　多雨季节及时排水，低温期保护地内连阴后骤晴，应通过棉被、草毡和遮阳网等适度遮阳，让植株缓慢接受光照，适应后再进入正常管理。

4. **增强植株抗性**　西瓜开花坐果期喷施氨基寡糖素800倍液，连喷2～3次，提高植株抗性。

# 西瓜空心病

**田间症状**　西瓜外形基本正常，切开后果肉大多有"十"字形空心，中心裂度1～2厘米，最大中心裂度3厘米以上。空心果皮厚，表皮上有纵沟，糖度略高（图108）。

**发病原因**　一是坐果节位偏低，第一雌花结的果坐果时温度低，授粉不良，而且当时叶面积小，营养物质供应不足，心室不能充分增大，而果皮膨大迅速，形成空心。二是坐果时温度偏低，

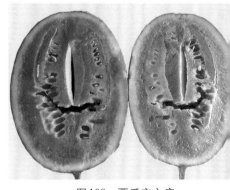

图108　西瓜空心病

细胞分裂速度变慢，果实内的细胞达不到足够的数量，后期随着温度的升高，果皮迅速膨大，而果实内细胞数量不足，不能填满果实内的空间而形成空心。三是在果实迅速膨大期植株营养物质供应不足而使瓜瓤发生空

心。四是土壤中缺硼导致西瓜缺硼，影响西瓜体内碳水化合物的形成和运转，造成根尖和茎的生长点分生组织受害死亡，吸收能力受阻造成茎顶端枯死，引发空心病的发生。

**防治措施**

1. **高位留果**　选择合适的坐果位置，采用高节位留果。

2. **加强田间管理**　遇低温、肥料不足、光照较弱的条件时，适当推迟留果。坐果后进行整枝，果实进入膨大期则停止整枝。

3. **叶面喷施硼肥**　在西瓜果实膨大期，用0.2%硼砂水溶液进行叶面施肥。

## 西瓜畸形果

**田间症状**　西瓜果实发育不平衡，一侧发育正常，另一侧发育迟缓或停滞（图109）。

图109　偏头瓜

**发病原因**　一是授粉质量差，授粉量不足、不均匀，瓜的前端种子多，基部种子少，营养供应不均匀，导致果实不同部位的膨大速度不同。二是温湿度不适宜，果实膨大阶段，前期缺水（或浇水过晚）或遇到低温则形成果顶扁平的偏头瓜。三是果实不用果垫，果面直接与土壤接触，导致接触地面的果面部分发育较差，当果实继续膨大时横向生长受到较大影响，形成偏头瓜。

**防治措施**

1. **人工辅助授粉**　进行人工辅助授粉，加大授粉量，并提高授粉质量，保证授粉完全。

2. **科学水肥**　保证肥水均匀供应，防止忽多忽少。

3. **加强田间管理**　防止结果期温度偏低或低温寒流。对已形成的葫芦瓜，应及早采取竖果措施，把果实的大头朝上，竖起放到地面上，可减轻果实上下两端的大小差异程度。

4. **使用果垫**　对于整地质量较差的田地，及时在果实下铺果垫，将果实放置端正，及时翻果、整果。

# 甜瓜猝倒病

**田间症状**　甜瓜苗期的一种主要病害，幼苗大多从茎基部染病，也有从茎中部染病者。染病初期近地面的部位出现水渍状，后迅速扩展，绕茎1周，病部缢缩变细，线状，不变色或渐变成褐色，子叶仍为绿色，尚未萎缩就全株倒伏（图110、图111）。苗床湿度大时，病残体及周围床土上可生一层絮状白色霉层。有时在幼苗尚未出土时，胚芽变褐色死亡，即烂种或烂芽。病害开始仅个别幼苗发病，条件适宜时以这些病株为中心，迅速

图110　茎部呈现水渍状　　　　　　图111　全株倒伏

向四周扩展蔓延，形成连片病区，造成缺苗。一旦管理不及时，可导致全苗床幼苗死亡。

## 发生特点

| 病害类型 | 卵菌性病害 |
|---|---|
| 病　　原 | 德巴利腐霉（*Pythium debaryanum*）和瓜果腐霉 |
| 越冬场所 | 病原以卵孢子或菌丝在土壤或病残体中越冬，并可在土壤中长期存活 |
| 传播途径 | 主要靠雨水、浇水喷淋传播，带菌的有机肥和农机具也能传播 |
| 发病原因 | 苗床低温、高湿条件下易发病。低温寡照，幼苗生长缓慢，育苗期遇阴雨或下雪后天气转晴；播种过密，间苗不及时，通风不良，灌水过多，苗床管理不善时，瓜苗都易发病。发生倒春寒时为害加重 |

**防治适期** 宜在幼苗发病前或发病初期施药。

**防治措施**

### 1.农业防治

（1）苗床土消毒。播种前2～3周进行，把床土耙松，每平方米床面用95%噁霉灵精品1克兑细土15～20千克，拌匀制成药土，将1/3药土作为垫土，另2/3作为盖土，把种子夹在药土、盖土之间；或用1.5毫升甲醛加适量水浇于床面，用塑料薄膜覆盖4～5天，然后揭开薄膜，并将床土耙松，让药液充分挥发，2周后再播种。

（2）**种子消毒**。用50～55℃温水浸种10～15分钟，也可用50%福美双可湿性粉剂或65%代森锌可湿性粉剂按种子重量的0.3%拌种消毒，杀死种子内外携带的病原。

（3）**种子包衣**。播前每4千克甜瓜种子用2.5%咯菌腈种子包衣剂10毫升，再加入35%甲霜灵拌种剂2毫升，兑水180毫升，进行种子包衣。

（4）**田间管理** 加强苗床管理，播种不宜过密，盖土不要过厚，以利于出苗。做好苗床保温工作，适当通风换气，不要在阴雨天浇水，保持苗床不干不湿。苗床要做好保温工作，防止冷风和低温侵袭，避免幼苗受冻。白天应加强通风换气，降低苗床温度和湿度，使幼苗生长健壮，提高抗病力。甜瓜出苗适宜土温为20～25℃，出苗后的白天温度控制在25～30℃，夜间15～16℃，定植前5天开始降温炼苗。

### 2.化学防治 发病初期可用722克/升霜霉威盐酸盐水剂5～8毫升/

米$^2$，34%春雷·霜霉威水剂12.5 ~ 15毫升/米$^2$，进行苗床浇灌。

## 甜瓜立枯病 ·····································

**田间症状** 多发生于育苗中后期，初在茎基部产生椭圆形至不规则形褐色病斑。病苗中午萎蔫，早上和夜间恢复，生长不良，但不枯死，随着病情扩展，病部逐渐凹陷，扩大绕茎一周，并缢缩干枯，致植株枯死（图112）。发病中期以后的幼苗，茎基部虽然发病，但茎部已经木质化，病苗可以直立不倒（图113）。湿度大时病部出现灰白色蛛丝状霉，即病原的菌丝。

图112　病部缢缩干枯致植株枯死

图113　病苗直立不倒

**发生特点** 参照西瓜立枯病。

**防治适期** 宜在幼苗发病前或发病初期施药。

**防治措施**

### 1.农业防治

（1）苗床选择。选择地势高、地下水位低，排水良好的地块做苗床。

（2）苗床处理。播前一次性灌足底水，出苗后尽量不浇水，浇水时一定选晴天喷洒，不宜大水漫灌。育苗畦（床）及时放风、降湿，严防瓜苗徒长染病。浇透水且水下渗后，将50%多菌灵可湿性粉剂10 ~ 20克兑细土4 ~ 5千克拌匀，取1/3充分拌匀的药土撒在畦面上，播种后再把其余的2/3药土覆盖在种子上面，即"上覆下垫"。这样种子夹在药土中间，防效明显。

(3) **种子处理。**每千克种子用95%噁霉灵精品0.5～1克与80%多福·福锌可湿性粉剂4克混合拌种，或用2.5%咯菌腈悬浮剂按种子重量0.6%～0.8%拌种。

(4) **营养钵或穴盘育苗。**采用营养钵或穴盘等育苗，可减少甜瓜立枯病的发生和为害。每立方米营养土中加入95%噁霉灵原药50克或54.5%噁霉·福可湿性粉剂10克，也可用70%敌磺钠可溶性粉剂100克混合50%多菌灵可湿性粉剂50～100克，与营养土充分拌匀后装入营养钵或育苗盘。

**2．化学防治**

(1) **苗期防治。**在发病前可选用70%噁霉灵可湿性粉剂800～1 000倍液、20%氟酰胺可湿性粉剂600～1 000倍液、80%乙蒜素乳油2 000～4 000倍液、68.75%噁酮·锰锌水分散粒剂800～1 000倍混合液，苗床喷淋，视情况隔7～10天喷1次。

(2) **定植期防治。**田间发现病株时可交替使用15%噁霉灵水剂500～700倍液和25%咪鲜胺乳油800～1 000倍混合液，20%甲基立枯磷乳油800～1 200倍液和75%百菌清可湿性粉剂600倍混合液，20%唑菌胺水分散粒剂800～1 000倍液和70%代森联干悬浮剂700倍混合液，30%苯醚甲·丙环乳油3 500倍液，50%苯菌灵可湿性粉剂600～1 000倍液和50%克菌丹可湿性粉剂400～600倍混合液。

## 甜瓜蔓枯病 ·······························································

**田间症状** 蔓枯病又称油秧病、黑腐病，在甜瓜各生育期均发生，主要为害茎蔓，也为害叶片和叶柄。叶片发病多从靠近叶柄附近处或从叶缘开始侵染，病斑发生在叶缘时呈V形或不规则形红褐色坏死大斑（图114），有不甚明显的轮纹，后期病斑上密生黑色小点，即分生孢子器，空气干燥时病斑易破裂。茎蔓受害多在茎节处形成初为水渍状的深绿色斑（图115），之后变成灰白至浅红褐色不规则坏死大斑，空气湿度高时迅速向各方向发展造成茎折或死秧（图116）。在田间，病部常产生乳白至红褐色流胶，病斑表面形成许多小黑点。叶柄染病，呈水渍状腐烂，后期亦产生许多小黑点，干缩萎垂至枯死（图117）。有时病原沿果柄或果蒂侵染至果

图114　叶片上的不规则红褐色坏死大斑

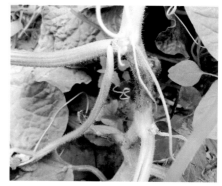

图115　茎节处水渍状深绿色斑

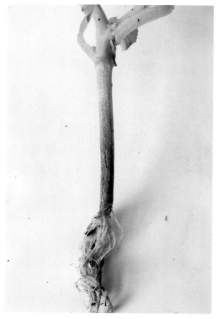

图116　死　秧

图117　叶柄水渍状腐烂

实，逐渐呈水渍状褐色坏死，可导致果实在采前、采后贮藏和运输过程中腐烂，在病果表面密生黑色小粒点。

**发生特点**　参照西瓜蔓枯病。

**防治适期**　应以预防为主，宜在定植初期、坐果期及果实膨大期发病前或发病初期施药，具体视甜瓜的生育期、病害发生程度和天气情况而定。

**防治措施**

### 1. 农业防治

（1）**轮作**。有条件的地区实行2～3年与非瓜类作物轮作，每茬作物拉秧后彻底清除瓜类作物的枯枝落叶及残体，移出田外集中高温堆沤发酵，杀灭病原。

（2）**水肥管理**。合理施肥，以有机肥为主，化肥为辅，增施磷钾肥及钙镁等微肥，提高植株抗病性；加强通风透光，提倡膜下滴灌，少量多次，降低棚内湿度，保持畦面半干状态；通过合理整枝、加强通风，达到控制旺长的目的，发病后适当控制浇水。

（3）**种子处理**。可用52～55℃温水浸种20～30分钟后催芽播种。也可用种子重量0.3%的50%异菌脲可湿性粉剂拌种。

### 2. 化学防治
发病初期可选用40%双胍三辛烷基苯磺酸盐可湿性粉剂800～1 000倍液、24%双胍·吡唑酯可湿性粉剂1 000倍液、22.5%啶氧菌酯悬浮剂每亩35～45毫升、24%苯甲·烯肟悬浮剂每亩30～40毫升、35%氟菌·戊唑醇悬浮剂每亩25～30毫升、43%氟菌·肟菌酯悬浮剂每亩15～25毫升、60%唑醚·代森联水分散粒剂每亩60～100克、45%双胍·己唑醇可湿性粉剂每亩1 500～2 000倍液、325克/升苯甲·嘧菌酯悬浮剂每亩30～50毫升、560克/升嘧菌·百菌清悬浮剂每亩75～120毫升等。用药要均匀，根茎部、茎蔓及叶片应全部喷施，一般喷施3～5次，用药期间注意药剂的交替使用，防止或延缓病原产生抗药性。

## 甜瓜枯萎病

**田间症状** 主要表现为植株萎蔫并枯死，又被称为萎蔫病和蔓割病。从出苗期到成株期整个生长周期中该病害均有发病的可能。出苗期发病，茎基部变为褐色且出现皱缩，根茎上部两叶片变黄，病部内部组织呈淡褐色，当病害严重时，在出苗倒伏而死（图118）；在苗期发病时，叶片颜色变浅且整个植株呈萎蔫状，严重时幼苗植株枯死。在结果中期发病概率最高，为害最严重，初期整个植株由基部向上逐渐萎蔫，晴天中午萎蔫症状最为显著，早、晚较轻，叶面无病斑，随着时间的推移，叶片严重萎缩下垂，表皮纵裂，最终枯萎死

甜瓜枯萎病

亡（图119至图121）。在潮湿的环境下，发病植株的茎基部有褐色长条形病斑，病斑上可产生白色至粉红色霉层，部分植株病部茎秆纵裂，并分泌红色胶状物，剥开茎部，可见维管束呈褐色。

图118　茎基部变褐皱缩

图119　植株萎蔫

图120　下部叶片干枯

图121 病株枯死

## 发生特点

| | |
|---|---|
| 病害类型 | 真菌性病害 |
| 病 原 | 尖孢镰刀菌甜瓜专化型（*Fusarium oxysporum* f.sp. *melonis*），属真菌界子囊菌亚门镰刀菌属 |
| 越冬场所 | 除可在种子上越冬外，也可在土壤、病残体或未腐熟的有机肥中越冬 |
| 传播途径 | 病原在田间通过流水、菌土、菌肥、农事操作、地下害虫等传播蔓延 |
| 发病原因 | 根系发育不良、根部受伤或发生根结线虫病、连作、自根苗、土壤质地黏重、土壤过分干旱发病严重，降水量大，雨后突晴或时雨时晴，日照少，过量施氮肥，磷钾肥不足，施用未充分腐熟的带菌有机肥等，都有利于病害发生；尤其在连续降水后天气突然转晴、气温迅速上升时，发病迅速 |

**防治适期** 参考甜瓜蔓枯病。

**防治措施**

### 1.农业防治

（1）**轮作**。与非瓜类作物实行3～5年的轮作倒茬是防治甜瓜枯萎病的重要农业措施。选择小麦茬口、豆类茬口或休闲地，最好也可与洋葱或大蒜轮作，可明显减轻病害。

（2）**栽培管理**。主要措施包括合理施用磷钾肥和充分腐熟的有机肥；

适当中耕，提高土壤透气性，促进根系粗壮，增强抗病力；小水沟灌，忌大水漫灌，及时清除田间积水；发现病株及时拔除，收获后清除病残体，减少菌源积累。

（3）**嫁接**。嫁接可有效防止瓜类枯萎病的发生，还可利用砧木根系耐低温、耐渍湿、抗逆力强和吸肥力强的特性，促进植株生长旺盛，提高抗病性、增加产量。最常用的砧木是南瓜，嫁接后可显著提高甜瓜抗枯萎病的能力。

（4）**土壤消毒**。参照西瓜枯萎病。

2. **生物防治**　参照西瓜枯萎病。

3. **化学防治**　发病初期可选用98%噁霉灵可溶性粉剂2 000～2 400倍液，56%甲硫·噁霉灵可湿性粉剂600～800倍液，15%咯菌·噁霉灵可湿性粉剂300～353倍液，15%络氨铜水剂200～300倍液，70%敌磺钠可溶性粉剂每亩250～500克，50%甲基硫菌灵悬浮剂每亩60～80克，39%精甲·嘧菌酯悬乳剂每亩50～100毫升，40%五硝·多菌灵可湿性粉剂0.6～0.8克/株等药剂灌根；也可选用50%咪鲜胺锰盐可湿性粉剂800～1 500倍液，10%丙硫唑水分散粒剂600～800倍液根部及叶面喷雾，每隔7～10天1次，连续防治2～3次。

# 甜瓜根结线虫病 ·······························

**田间症状**　甜瓜根结线虫主要为害根部，主根、侧根和须根均可被侵染，以侧根和须根受害为主（图122）。受害后形成的根结上通常可长出细弱的新根，并再度受到侵染，最终形成链珠状根结（图123）。初期病苗表现为叶色变浅，高温时中午萎蔫（图124）。重病植株生长不良，显著矮化、瘦弱、叶片萎垂，由下向上逐渐萎蔫，影响结实，直至全株枯死（图125）。

图122　侧根受害状

图123　根部形成链珠状根结

图124　植株地上部萎蔫

图125　植株枯死

**发生特点**　参照西瓜根结线虫病。

**防治适期**　宜在甜瓜结果期加强防控。

**防治措施**

1. **嫁接**　选择抗或耐根结线虫的砧木品种如勇砧、京欣砧4号等进行嫁接。

2. **培育壮苗**　参照西瓜根结线虫病。

3. **生态调控**　对于轻病田，可在休闲期用菠菜、油麦菜等高感速生叶菜诱集，对于重病田，可在生产后期诱集。

4. **轮作**　安排与葱、蒜等拮抗作物轮作。

5. **定植期、生长期、收获后防治**　参照西瓜根结线虫病。

## 甜瓜疫病

**田间症状**　主要为害叶片，以成株期开花结果后发病重。叶片发病，初期叶缘呈水渍状黄色暗斑，经4～5天后病斑逐渐扩大，受叶脉限制形成多角形淡褐色斑块，病斑干枯易碎（图126、图127）。潮湿时长出紫灰色霉层，后期霉层变黑。发病重时，病斑连成片，全叶变为黄褐色，干枯卷缩，全田一片枯黄，果实也可受害，导致果实腐烂，严重影响甜瓜的产量和品质（图128、图129）。

甜瓜疫病

图126　叶缘呈水渍状黄色暗斑

图127　全叶黄褐色，干枯卷缩

图128 整株干枯

图129 果实受害状

【发生特点】 参照西瓜疫病。

【防治适期】 甜瓜进入开花结果期，抗病能力减弱，注意加强防控，具体防治视病害发生程度和天气情况而定。

【防治措施】

1. **农业防治** 不偏施氮肥，注意增施磷钾肥，防止植株生长过嫩；适时整地、打杈、压蔓，保持植株间通风良好；在晴天清晨灌水，生长前期适当控水，结果后严禁大水漫灌。

2. **化学防治** 发现中心病株后，可选用72%烯酰·丙森锌可湿性粉剂600倍液，72.2%霜霉威盐酸盐水剂600倍液，25%甲霜灵可湿性粉剂500倍液，64%噁霜·锰锌可湿性粉剂400倍液，70%丙森锌可湿性粉剂600倍液喷雾，7～10天喷1次，生育期内需喷2～3次。

# 甜瓜棒孢叶斑病 ·········································

**田间症状** 甜瓜棒孢叶斑病典型症状表现为叶片受害，病斑初为淡褐色小点，有的病斑中部呈灰白色至浅黄色，后变成浅黄褐色的近圆形病斑，边缘颜色略深，有时呈明显轮纹状，后期多个病斑融合，受叶脉限制，呈不规则形或多角形，叶片大面积干枯（图130、图131）。

图130 叶面形成淡褐色小点

图131 叶背病斑不规则形或多角形

**发生特点**

| | |
|---|---|
| 病害类型 | 真菌性病害 |
| 病　　原 | 多主棒孢霉（*Corynespora cassiicola*），属子囊菌亚门棒孢属真菌 |
| 越冬场所 | 病原以菌丝体、分生孢子丛在土壤或病残体上越冬；种子也可带菌 |
| 传播途径 | 种子带菌时，在种子表面可存活8个月以上，在种皮内潜伏的菌丝存活时间更长，也可靠风、雨和农事操作传播 |
| 发病原因 | 一般种植密度过大、施用氮肥过量、整枝打杈不及时、排水不良等均有利于发病，连阴天、大水漫灌都易造成病害流行 |
| 病害循环 | |

叶片发病

再侵染

分生孢子

健康植株

菌丝、厚垣孢子、分生孢子

分生孢子

土壤、病残体上越冬，种子也可带菌

**防治适期**　对此病的防治要早，具体视病害发生程度和天气情况而定。

**防治措施**

**1. 农业防治**

（1）**轮作**。一般应和非寄主蔬菜作物轮作2～3年。

（2）**种子消毒**。一般采用温汤浸种，砧木及接穗的种子均使用55～60℃的热水浸15分钟。

（3）**田间管理**。避免氮肥过多，增施磷肥，提高植株抗病性。避免盲目地将氮钾肥同施，采用滴灌或膜下灌溉，以降低棚室内的相对湿度。除发病初期清除病叶外，在生长过程中也要不断清除发病严重的叶片，拉秧后将病残株销毁。

（4）**棚室消毒**。定植前，使用硫黄（每亩用量5千克）熏棚消毒。

**2. 生物防治**　发病初期可选用10%多抗霉素可湿性粉剂700倍液、5%井冈霉素可湿性粉剂600倍液、2%春雷霉素液剂600倍液等。

**3．化学防治**　发病初期，可选用75％百菌清可湿性粉剂600倍液、45％百菌清烟剂250g、40％代森锰锌可湿性粉剂500倍液。发病中后期可选用25％咪鲜胺乳油1 000倍液、25％嘧菌酯悬浮剂1 500倍液、32.5％嘧菌酯•苯醚甲环唑悬浮剂1 000倍液、52.5％噁唑菌酮•霜脲1 500倍液（兼防霜霉病）、40％嘧霉胺悬浮剂2 000倍液、50％啶酰菌胺水分散剂2 000倍液、35％氟菌•戊唑醇悬浮剂2 500倍液、43％氟菌•肟菌酯悬浮剂1 000倍液、68.75％噁酮•锰锌水分散粒剂。

## 甜瓜菌核病 ·······························

**田间症状**　可侵染茎、叶、花和果实，以瓜蔓和果实发病最多。叶片发病，出现褐色水渍状大型病斑，后期整个叶片腐烂。瓜蔓发病主要由病原从整枝打杈、水肥过大造成的裂茎或机械损伤的伤口侵染造成，感病后病部出现褐色水渍状病斑，病部出现缢缩，很快长出厚厚的白色絮状菌丝（图132）。果实发病主要由病原从脐部残花上侵染造成，产生白色絮状菌丝体，病原也可通过接触侵染甜瓜果实，造成甜瓜腐烂。发病后期湿度大时，白色菌丝相互缠绕，形成黑色鼠粪状菌核（图133），容易识别。

甜瓜菌核病

图132　病部出现缢缩，长出厚厚的白色絮状菌丝

图133　形成黑色鼠粪状菌核

**发生特点** 参照西瓜菌核病。

**防治适期** 甜瓜坐果后及生长后期，棚内湿度较高，注意加强防控，具体视病害发生程度和天气情况而定。

**防治措施**

### 1.农业防治

（1）田园清理。在生产过程中及时清除棚内残枝败叶，拉秧后及时清理瓜秧，远离棚室集中销毁。

（2）湿度控制。采用滴灌水肥药一体化技术降低土壤湿度；采用地膜和大棚无滴消雾膜+二次放风技术（早晨揭开棉被或草苫后，放风5～10分钟，降低棚内湿度，中午温度高时，进行正常放风，控制温度）控制空气湿度。另外，有条件的可以安装大棚除湿机，辅助控制湿度。

### 2.物理防治
在夏季休棚季节，采用石灰氮熏蒸或高温闷棚的方式彻底杀灭病原；生长季可采用设施臭氧杀菌机，辅助杀灭病菌，降低发病率。

### 3.化学防治
苗期发病后应及时用药防治，可喷洒40%菌核净粉剂500倍液或50%腐霉利可湿性粉剂1 500倍液。也可选用50%咯菌腈悬浮剂5 000倍液，50%异菌脲可湿性粉剂500倍液，50%腐霉利可湿性粉剂500倍液，50%啶酰菌胺水分散粒剂1 200倍液防治菌核病。另外，可随缓苗水滴灌或在缓苗水后第二天用62.5%精甲·咯菌腈悬浮种衣剂每亩100毫升灌根，预防菌核病和其他土传病害。为了避免抗药性的产生，建议轮换使用不同类型的化学农药防治甜瓜菌核病。以上各药交替使用，5～7天喷药1次，连喷2～3次。

**温馨提示**

茎蔓等严重发病部位可用以上农药加少量水调成糊状，涂在病部。

# 甜瓜白粉病

**田间症状** 甜瓜全生育期都可发生。主要为害甜瓜叶片，严重时也为害叶柄和茎蔓，有时甚至可为害幼果。发病初期在叶片正、背面出现褪绿黄

甜瓜白粉病

色小点，随后逐渐扩展呈白色圆形病斑，多个病斑相互连接，从而使叶面布满白粉，故称为白粉病（图134、图135）。叶片上形成的白色粉状物为病原的菌丝体、分生孢子梗和分生孢子。随着病害越来越严重，病部的颜色逐渐变为灰白色，发病后期还会在病斑上产生黑色小粒点，这是病原有性世代产生的闭囊壳（图136），发病严重的情况下病叶枯黄坏死（图137）。

图134 叶片正面出现白色小点

图135 病斑逐渐连片

图136 病斑变为灰白色

图137 病叶枯黄坏死

**发生特点**

| 病害类型 | 真菌性病害 |
|---|---|
| 病　原 | 苍耳单囊壳白粉菌和菊科高氏白粉菌（*Golovino-myces cichoracearum*） |
| 越冬场所 | 北方露地以闭囊壳在病残体上越冬 |
| 传播途径 | 南方和北方保护地内的病原可以无性态分生孢子在瓜类上辗转传播，或以分生孢子或子囊孢子借气流、雨水和水滴传播 |
| 发病原因 | 病原耐干燥，高温干燥和高湿交替出现，有利于病害发生和扩展，每年4～5月，外界气温回升快，多风、干燥，室内湿度大，甜瓜正值生长中后期，白粉病极易流行。遇上阴雨寡照，浇水过量，棚室湿度大，植株旺长，通风差，发病较重 |

**防治适期** 4～5月病害发生初期，高温干燥和高湿交替出现时，注意加强防控。

**防治措施**

**1.农业防治**

（1）**选用抗病品种**。目前生产中可用的甜瓜抗病品种包括伊丽莎白、阿丽丝（日本）、香玉甜瓜、网纹甜瓜、京玉268、喀甜抗1号、喀甜抗2号、喀甜抗3号、喀甜抗4号、娜依鲁网纹甜瓜、中甜1号、甬甜2号、京玉1号及龙甜1号等。

（2）**熏棚消毒**。定植前几天，将棚室封闭，每100米$^2$用硫黄粉250克、锯末500克，混合均匀后装入4～5个小塑料袋中，傍晚时分点布放，点燃后封闭大棚1夜；也可在发病前选用45%百菌清烟剂，每亩用药200～250克，傍晚分点布放，暗火点燃后，封闭大棚熏1夜，次日开棚放风。

（3）**田间管理**。甜瓜收获后，清除田间病株残体，减少侵染源。施足底肥，增施磷钾肥，防止植株徒长和早衰，及时整枝打杈，保证植株通风透光良好。合理浇水，适时揭棚通风排湿。

**2.生物防治** 白粉病发病初期可选用1 000亿个芽孢/克芽孢杆菌可湿性粉剂每亩120～160克或2%抗霉菌素120水剂200倍液、2%武夷菌素水剂200倍液，8%宁南霉素水剂每亩510毫升，施药时注重叶面、叶背均匀着药，间隔7天用药1次，连续用药2～3次。

**3.化学防治** 发病初期选用4%四氟醚唑水乳剂每亩50～80克、

50%嘧菌环胺水分散粒剂每亩75克、20%三唑酮乳油2 000倍液、10%苯醚甲环唑水分散粒剂每亩20 ～ 40克、40%氟硅唑乳油每亩10 ～ 12毫升、25%乙嘧酚磺酸酯微乳剂每亩15 ～ 18克、5%己唑醇每亩90 ～ 110毫升、300克/升醚菌·啶酰菌悬浮剂500 ～ 1 000倍液、75%肟菌·戊唑醇每亩10 ～ 15克、43%氟菌·肟菌酯每亩20 ～ 30毫升。交替用药，间隔5 ～ 7天用药1次，连续用药2 ～ 3次。

## 甜瓜灰霉病

**田间症状** 侵染叶片、茎蔓、花和果实，以果实受害为主。病害发生初期引起植物组织腐烂，后期会在发病部位出现灰色霉层，故得名灰霉病，灰色霉层即为分生孢子梗和分生孢子（图138）。育苗床幼苗感病通常最终会死亡。植株叶片发病常常从叶尖或叶缘开始，呈现V形病斑（图139、图140）。花瓣染病导致花器枯萎脱落（图141），幼果发病部位通常在果蒂部，如烂花和烂果附着在茎部，会引起茎秆腐烂，造成植株死亡。

图138　叶背灰色病斑

图139　叶缘形成V形病斑

图140 叶缘V形病斑连片

图141 花瓣染病后花器脱落

**发生特点** 参照西瓜灰霉病。

**防治适期** 日光温室早春茬甜瓜发病较重，一般在每年3～4月发病较为严重，在这个时期注意防控。

**防治措施**

1. **农业防治** 及时摘除病叶并销毁，加强大棚通风排湿工作。合理施肥，注重氮、磷、钾的科学配比，保证阳光充足和合理的种植密度。

2. **生物防治** 发病初期可选用0.3%丁子香酚可溶性液剂每亩90～120毫升、1%香芹酚水剂每亩58～88毫升、0.5%小檗碱水剂每亩200～250毫升、1 000亿cfu/克枯草芽孢杆菌可湿性粉剂每亩50～70克、16%多抗霉素可溶性粒剂每亩20～25克、1.5%苦参·蛇床素水剂每亩40～50毫升、1%申嗪霉素悬浮剂每亩100～120毫升、21%过氧乙酸水剂每亩140～233克。

3. **化学防治** 发病初期至中期可选用50%腐霉利可湿性粉剂每亩50～100克、50%抑菌脲可湿性粉剂每亩50～100克、30%咯菌腈悬浮剂每亩9～12毫升、50%啶酰菌胺水分散粒剂500～1 000倍液、50%异菌·腐霉利悬浮剂每亩60～70毫升、15%腐霉·百菌清烟剂每亩200～300克、65%啶酰·腐霉利水分散粒剂每亩60～80克、25%中生·嘧霉胺可湿性粉剂每亩100～120克、40%嘧霉·百菌清悬浮剂每亩350～400克、50%嘧霉·啶酰菌水分散粒剂1 000～1 200倍液防治。该病主要在秋冬茬发病，用药时注意选择天气晴朗的上午用药，防止棚室湿度过高，保证良好的防治效果，病情严重时连喷2～3次，每次用药间隔7～10天。

## 甜瓜霜霉病 ·····················

**田间症状** 甜瓜霜霉病主要为害叶片。叶面产生褪绿病斑，沿叶脉扩展呈多边形，后期病斑变成浅褐色或黄褐色，严重时病叶变褐干枯（图142至图145）。连续降雨高湿条件下，病斑外缘组织出现暗绿色水渍状病斑，叶背形成紫褐色或灰褐色病斑，并长有灰黑色霉层，俗称黑毛（图146、图147）。严重时病斑相互连成深褐色大斑，边缘向上卷曲，并很快干枯破碎，条件适宜时，快速蔓延，8～15天可使全田叶片枯死，故又称跑马干。

甜瓜霜霉病

图142 叶面出现褪绿病斑

图143 叶面形成黄褐色病斑

图144 病叶变褐干枯

图145 严重受害田片的叶片干枯状

图146　叶片背面的紫褐色病斑

图147　叶背的灰褐色病斑并产生灰黑色霉层

**发生特点**

| 病害类型 | 卵菌性病害 |
|---|---|
| 病　原 | 古巴假霜霉菌（*Pseudoperonospora cubensis*），属霜霉菌目假霜霉属 |
| 越冬场所 | 古巴假霜霉菌为专性寄生菌，通过孢子囊在周年生产的甜瓜上辗转传播完成循环。在北方较寒冷地区，病原主要以菌丝体和孢子囊在温室甜瓜上越冬 |
| 传播途径 | 孢子囊释放游动孢子，通过气流、雨水、浇水传播 |
| 发病原因 | 湿度是病害发生及流行的主导因子，田间空气相对湿度大于80%时，有利于病害发生。甜瓜生长后期连续降雨或连阴天，可造成大流行 |

**防治适期**　甜瓜进入果实发育期，遇上雨季病情扩展迅速，应在此时加强防控。

**防治措施**

1. **农业防治**

（1）**选用抗病品种**。目前在生产中无高抗品种，伊丽莎白、海蜜2号、玉姑、红肉网纹甜瓜、白雪公主、随州大白、状元、黄河蜜瓜和泽甜1号等较为抗病。

（2）**轮作及田间管理**。避免与瓜类作物连作，有条件的可进行吊蔓栽培，及时整蔓，保持通风透光，降低田间湿度，合理密植，增施有机肥，氮磷钾配合施用。

2. **生物防治**　采用3%多抗霉素可湿性粉剂150～200倍液或0.3%苦参碱乳油5.4～7.2克/公顷、0.5%小檗碱水剂12.5～18.75克/公顷、2亿个孢子/克的木霉菌可湿性粉剂每亩125～250克、0.5%几丁聚糖水剂每亩120 ～ 160毫升，进行叶面喷雾。

**3.化学防治**　发病初期或雨季来临时可选用80%三乙膦酸铝可湿性粉剂每亩117.5 ～ 235克或722克/升霜霉威盐酸盐水剂每亩60 ～ 100毫升、50%啶氧菌酯水分散粒剂每亩15 ～ 18克、25%氟吗啉可湿性粉剂每亩30 ～ 40克、50%烯酰吗啉悬浮剂每亩35 ～ 40毫升、687.5克/升氟菌·霜霉威悬浮剂每亩60 ～ 75毫升、45%代森铵水剂每亩78毫升、80%代森锰锌可湿性粉剂每亩170 ～ 250克、20%氰霜唑悬浮剂每亩30 ～ 40毫升、53%精甲霜·锰锌可湿性粉剂每亩110 ～ 120克、71%乙铝·氟吡胺水分散粒剂每亩150 ～ 167克、60%吡唑·代森联水分散粒剂每亩40 ～ 60克、25%氟吗·唑菌酯悬浮剂每亩27 ～ 53毫升、70%霜脲·嘧菌酯水分散粒剂每亩20 ～ 25克防治。

## 甜瓜叶枯病

**田间症状**　在甜瓜各生育期都可发生，以生长中后期为害最为严重，主要侵害叶片。发病初期叶片背面出现水渍状浅黄色小点，逐渐扩大成圆形至不规则形褐色病斑，后期发展成近圆形或不规则形暗褐色坏死斑。发病后期病斑中心浅褐色、外围由深褐色、黄色的晕圈包围（图148）。病斑多时融合为大坏死斑，叶片干枯而死（图149）。湿度大时病斑上常产生黑褐色霉状物，即病原的分生孢子梗和分生孢子。

甜瓜叶枯病

图148　病斑周围有黄色的晕圈

图149　不规则形暗褐色坏死斑

**发生特点** 参照西瓜叶枯病。

**防治适期** 甜瓜进入果实发育期，遇上雨季病情扩展迅速，应在此时加强防控，具体防治措施视天气情况而定。

**防治措施**

1. 农业防治

(1) **轮作**。避免重茬或与葫芦科、茄科作物接茬，与非寄主作物实行两年以上的轮作倒茬。

(2) **采用嫁接苗**。

(3) **田间管理**。春季至初夏种植，避开适宜病害发生的天气和温度，降低大棚中的相对湿度；及时整枝打杈，防止瓜秧过密，影响通风透光；及时清理病株残体，减少初侵染源。

(4) **种子消毒**。甜瓜种子消毒处理一般采用100倍的甲醛溶液浸种1.5～2小时，清洗后催芽或直接播种；种壳张开的瓜种可用1%的稀盐酸溶液浸种20分钟，清洗后催芽；还可采用0.1%高锰酸钾溶液或40%甲醛溶液100倍液浸泡10～15分钟，清水洗净后播种；也可用55℃温水浸种15分钟。

2. **化学防治** 发病初期进行药剂防治，可选用75%百菌清可湿性粉剂每亩107～147克、50%福美双可湿性粉剂500～1 000倍液、70%甲基硫菌灵可湿性粉剂600倍液、80%代森锰锌可湿性粉剂每亩167～200克、50%抑菌脲可湿性粉剂每亩50～100克、80%代森锰锌可湿性粉剂800倍液。发病前喷施百菌清、福美双和异菌脲等可有效保护植株免受病菌的侵染，用药量为每亩40～50毫升，或使用560克/升嘧菌·百菌清悬浮剂每亩60～120毫升，可有效抑制病害的扩展。

# 甜瓜病毒病 ·······························

**田间症状** 主要有花叶、黄化皱缩及两种复合侵染混合型。

1. **花叶型** 新叶产生褪绿斑点，叶片上出现黄绿色花斑，叶面凹凸不平（图150、图151）。新叶畸形、变小，植株节间缩短，矮化（图152、图153）。发病愈早，对产量和品质影响愈大。

甜瓜病毒病

图150 叶片上出现黄绿色花斑

图151 叶面凹凸不平

**2.坏死型** 新叶狭长,皱缩扭曲(图154),花器不发育,难于坐果,即使坐果也发育不良,易形成畸形果。果实受害时,果实表面形成浓绿色与淡绿色相间的斑驳,并有不规则突起(图155)。

图152 新叶畸形、变小

图153 植株矮化

图154 新叶狭长，皱缩扭曲

图155 果实表面不规则突起

## 发生特点

| 病害类型 | 病毒性病害 |
|---|---|
| 病　原 | 西瓜花叶病毒（*Watermelon mosaic virus*，WMV）、黄瓜花叶病毒（*Cucumber mosaic virus*，CMV）、甜瓜坏死斑病毒（*Melon necrotic spot virus*，MNSV）、南瓜花叶病毒（*Squash mosaic virus*，SqMV）、甜瓜花叶病毒（MMV）、西瓜叶脉坏死病毒（MVNV）、西瓜花叶病毒1号（WMV-1）、黄瓜绿斑驳花叶病毒（CGMMV）、番木瓜花叶病毒（PMV） |
| 越冬场所 | 花叶病毒可在茄科及多年生杂草上越冬 |
| 传播途径 | WMV、CMV、MNSV、SqMV 4种常见毒源通过摩擦汁液接触传毒，WMV-1、CMV、MNSV均也可通过蚜虫传毒，南瓜花叶病毒除汁液接触传毒外，还可通过种子传毒 |
| 发病原因 | 甜瓜病毒病的发生与气候、品种和栽培条件有密切关系。温度高、日照强、干旱有利于蚜虫的繁殖和迁飞传毒，也有利于病毒的发生。瓜田病毒病适温为18～26℃，在36℃以上时一般不表现症状。管理粗放，邻近温室、大棚等菜地或瓜田混作的发病均较重，缺水、缺肥、杂草丛生的瓜田发病也重 |

**防治适期**　苗期及蚜虫盛发期加强防控。

**防治措施**

1. **农业防治**　①瓜田选择远离蔬菜作物，甜瓜、西瓜、西葫芦不宜混种。②播前进行种子处理，用55℃温水浸种10分钟，杀死种子表面的病毒。③加强田间管理，培育健壮植株，增强植株抵抗力。发现病株，及时拔除销毁。打杈摘顶时要注意防止人为传毒。

2. **物理防治、生物防治及化学防治**　参照西瓜病毒病。

# 甜瓜细菌性果斑病

**田间症状**　主要为害叶片和果实。幼苗染病，甜瓜子叶出现水渍状病斑，并沿叶脉逐渐发展为黑褐色坏死病斑（图156、图157）。成株叶部病斑圆形、多角形及从叶缘开始呈现V形，病斑水渍状、灰白色，症状类似霜霉病，在高湿条件下可见乳白色菌脓的痕迹，干后变为一层薄膜，发亮。后期中间变薄、穿孔或脱落。叶脉也可被侵染，并且病斑沿叶脉蔓延。甜瓜果实上病斑初为水渍状，圆形或卵圆形，稍凹陷，呈绿褐色，斑点通常不扩大（图158至图160）。轻时只在皮层腐烂，严重时内部组织腐烂；有时

果皮开裂，果实很快腐烂
（图161、图162）。

图156　幼苗染病

图157　叶背水渍状病斑

图158　果实上水渍状圆点

图159　病斑凹陷

图160　绿褐色病斑

图161　条状病斑干裂

图162　果实内部腐烂

**发生特点**　参照西瓜细菌性果斑病。

**防治适期**　病原可在甜瓜整个生育期内进行侵染，所以从种子到坐果期都应防控，尤其是高温多雨季节应加强防控。

**防治措施**

1. **农业防治**

（1）**加强检疫**。加强对甜瓜种子的进口检疫，防止带菌种子进入我国。

（2）**选择无病留种田**。选择无果斑病发生的地块作为制种基地，并采取严格隔离措施，以防止病原侵染种子。

（3）**种子处理**。参照西瓜细菌性果斑病。

（4）**田间管理**。生产田应及时清除病残体，与非葫芦科作物进行3年以上轮作，可减少土壤中病原数量，对甜瓜细菌性果斑病有一定的防治效果；应用地膜覆盖和滴灌设施，降低田间湿度；适时进行整枝、打杈，保证植株间通风透光；合理增施有机肥，增强植株生长势，提高植株抗病能力；发现病株，及时清除；禁止将发病田中用过的工具带到无病田中使用。

2. **生物防治**　瓜类细菌性果斑病的防治药剂以抗生素类和铜制剂为主。发病初期叶面喷施3%中生菌素可湿性粉剂500倍液，或100亿个芽孢/克枯草芽孢杆菌可湿性粉剂每亩50～60克，2%氨基寡糖素水剂每亩187.5～250毫升，每隔7天喷施1次，连续喷2～3次，预防和早期治疗具有较好效果。

3. **化学防治**　发病初期叶片喷施77%氢氧化铜可湿性粉剂1 500倍液或20%叶枯唑可湿性粉剂600～800倍液、47%春雷·王铜可湿性粉剂

500 ～ 600倍液、20%异氰尿酸钠可湿性粉剂700 ～ 1 000倍液、50%琥胶肥酸铜（DT）可湿性粉剂500 ～ 700倍液。每隔7天喷施1次，连续喷施2 ～ 3次，可有效控制病害的发生和传播，但开花期不能使用，否则影响坐果率，同时药剂浓度过高容易造成药害。

温 馨 提 示

　　田间施药时铜制剂与其他药剂尽量轮换使用，既可提高药剂使用效果，又可延缓病原抗药性产生。

## 甜瓜细菌性角斑病 ·····························

**田间症状** 主要为害叶片，初在叶面现水渍状不规则形黄点，随着病情发展，扩展成多角形或近圆形黄色病斑，后病斑上黄色减少，褐色增加，湿度大时，常有乳白色水珠状菌脓溢出（图163至图165）。后期病斑中间变薄或脱落穿孔（图166）。在田间，细菌性角斑病常与霜霉病混合发生，图167中病叶上的小型病斑（多角形或近圆形，外围有水渍状晕圈）为细菌性角斑病病斑，较大的褐色枯死病斑为霜霉病病斑。细菌性角斑病为害近成熟期果实较重时，果面上散布许多深绿色水渍状近圆形斑点，削开近成熟期果实的果皮，果肉中病斑呈淡灰褐色坏死状（图168至图170）。

图163　叶面现水渍状不规则形黄点

图164　叶背产生多角形或近圆形灰白色至淡褐色病斑

图165　严重时叶背布满多角形、近圆形或不规则形病斑

图166　后期病斑中间变薄

图167　细菌性角斑与霜霉病混合发生的病叶表现

8　果面散布深绿色水渍状近圆形斑点

图169　果肉中病斑呈淡灰褐色坏死状

图170　为害较重的病果（右）与健康果实（左）比较

## 发生特点

| 病害类型 | 细菌性病害 |
|---|---|
| 病　原 | 丁香假单孢杆菌流泪致病变种（*Pseudomonas syringae* pv. *lachrymans*），革兰氏阴性菌 |
| 越冬场所 | 病原主要在种皮内、种皮上或种子间越冬 |
| 传播途径 | 远距离传播是借带菌的种子；可借风雨、雨水及农事操作传播 |
| 发病原因 | 湿度是发病的主要条件，相对湿度达到70%以上，且持续时间长，该病就会流行。连续阴雨、日照不足，大棚内温度偏低，通风不良，加上棚外湿度也高，有利于病害发生与流行；水肥管理不当，放风不及时也有利于病害发生；甜瓜定植密度大，棚室或田间通风排湿差，易发病 |

**防治适期**　甜瓜进入膨瓜期，遇上雨季病情扩展迅速，应在此时加强防控，具体防治措施视天气情况而定。

**防治措施**

### 1. 农业防治

（1）种子处理。用47%的春雷·王铜可湿性粉剂拌种，用量为0.3%，或者采用55～60℃温汤浸种10～15分钟，也可采用70℃恒温干热灭菌72小时。

（2）轮作。与非瓜类作物进行3～5年轮作，周围避免种植瓜类作物。

（3）田间管理。降低棚内湿度，生育期忌大水漫灌，采用滴灌覆膜栽培方式最佳，选择晴天浇水，尽量减少叶面结露或者叶缘吐水。甜瓜生长期及时清除田间病株，拉秧后彻底清除病残体，进行集中处理。

### 2. 生物防治

发病初期叶面喷施4%春雷菌素可湿性粉剂800～1 000倍液或90%新植霉素可溶性粉剂4 000倍液、80%乙蒜素乳油900倍液、100亿个芽孢/克枯草芽孢杆菌可湿性粉剂每亩50～60克，每隔7天喷施一次，连续喷施2～3次。

### 3. 化学防治

发病初期叶片喷施77%氢氧化铜可湿性粉剂1 500倍液或47%春雷·王铜可湿性粉剂500～600倍液、20%异氰尿酸钠可湿性粉剂700～1 000倍液、50%琥胶肥酸铜（DT）可湿性粉剂500～700倍液。每隔7天喷施1次，连续喷施2～3次，可有效控制病害的发生和传播，但开花期不能使用，否则影响坐果率，同时药剂浓度过高容易造成药害。

# PART 2

# 虫　害

## 瓜蚜 ·····

**分类地位**　瓜蚜（*Aphis gossypii* Glover），又名棉蚜，俗称腻虫，属于半翅目（Hemiptera）蚜科（Aphididae），在我国各地均有分布。

**为害特点**　成蚜和若蚜多群集在叶背、嫩茎和嫩梢刺吸汁液，下部叶片密布蜜露，潮湿时变黑形成烟煤病，影响光合作用（图171、图172）。瓜苗生长点被害可导致枯死；嫩叶被害后卷缩（图173、图174）；瓜苗期严重被害时能造成整株枯死（图175）；成长叶受害，会干枯死亡，缩短结果期，造成减产（图176、图177）。蚜虫为害更重要的是可传播病毒病，使植株出现花叶、畸形、矮化等症状，受害株早衰。

图171　西瓜叶片症状

图172　西瓜叶片上的霉污

图173　西瓜叶片卷缩，嫩茎扭曲畸形

图174 甜瓜叶片卷缩，嫩茎扭曲畸形

图175 为害严重时导致植株衰退、枯死

图176 甜瓜幼果受害状

图177 西瓜果实霉污

**形态特征**

    无翅胎生雌蚜：体长1.5～1.9毫米。颜色随季节而变化，夏季黄绿色，春秋季深绿色。触角5节。后足胫节膨大，有多数小的圆形性外激素分泌腺。尾片黑色，两侧各具刚毛3根（图178）。

有翅胎生雌蚜：体长椭圆形，较小，长1.2～1.9毫米。体黄色、浅绿色或深蓝色。腹部背片各节中央均有1条黑色横带。触角6节，比体短。翅无色透明，翅痣黄色，尾片常有毛6根（图179）。

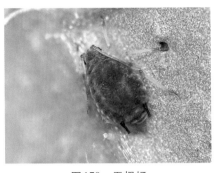

图178 无翅蚜

卵：椭圆形，长0.50～0.59毫米，宽0.23～0.38毫米，初为橙黄色，后变为黑色，有光泽。

若蚜：夏季为黄色或黄绿色，春秋季为蓝灰色，复眼红色，无尾片，共4龄，体长0.5～1.4毫米。一龄若蚜触角4节，腹管长宽相等；二龄若蚜触角5节，腹管长为宽的2倍；三龄若蚜触角也为5节，腹管长为一龄的2倍；四龄若蚜触角6节，腹管长为二龄的2倍（图180）。

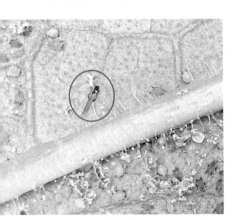

图179 有翅蚜

图180 无翅蚜和若蚜

**发生特点**

| 发生代数 | 1年发生10～30代。瓜蚜分苗蚜和伏蚜两个阶段，苗蚜10多天繁殖1代，伏蚜4～5天就繁殖1代。无翅胎生雌蚜的繁殖期约10天，共产60～70头若蚜。由北往南1年的发生代数逐渐增加 |
| --- | --- |
| 越冬方式 | 主要以卵在夏枯草、苦荬菜、石榴、木槿、花椒及鼠李属等植物上越冬 |

（续）

| 发生规律 | 每年4月，当5天平均气温达到6℃时，越冬卵孵化为干母，达12℃时开始胎生干雌，在越冬植株上繁殖2～3代后产生有翅蚜，4月中下旬飞往瓜田为害，春茬西瓜上蚜虫的为害盛期在5月中旬至6月中旬，秋茬西瓜上蚜虫的发生量总体低于春茬，但定植之后即有发生，8月下旬上升较快。大雨对蚜虫虫口有明显的抑制作用，因此多雨的气候不利于蚜虫发生。而晴雨交替天气有利于伏蚜虫口增长。种植密度大或营养条件恶化时，产生大量有翅蚜迁飞扩散 |
|---|---|
| 生活习性 | 受精卵春季孵化后，全为孤雌蚜，营孤雌胎生，第一、二代无翅。第三代为有翅型，前往瓜类上孤雌胎生20～30代。无翅型，每隔1个月发生1次；有翅型田间扩散为害，并可传播多种病毒病 |

**防治适期**　5月中旬至6月中旬及8月下旬应注意加强防控。

**防治措施**

1. **农业防治**　经常清除田间杂草，彻底清除瓜类、蔬菜残株病叶等。保护地可采取高温闷棚，方法是在收获完毕后不急于拉秧，先用塑料膜将棚室密闭3～5天，消灭棚室中的虫源，避免向露地扩散，减轻下茬蚜虫为害。

2. **物理防治**　利用有翅蚜对黄色、橙黄色较强的趋性。4中旬开始至拉秧，可在瓜秧上方20厘米处悬挂黄色诱虫板诱杀（25厘米×40厘米），每亩悬挂20～25块。当粘满蚜虫时及时更换。银灰色对蚜虫有驱避作用，也可利用银灰色薄膜代替普通地膜覆盖，而后定植或播种，或早春在大棚通风口挂10厘米宽的银色膜，防止蚜虫飞入棚内。

3. **生物防治**

（1）**生物农药**。选用5%鱼藤酮乳油每亩100毫升或2%苦参碱水剂每亩30～40毫升、23%银杏果提取物可溶性液剂每亩100～120克、1%苦参·印楝素可溶性液剂每亩60～80毫升，喷雾，叶面叶背均匀喷透。

（2）**生物天敌**。①释放时期。黄色粘虫板出现2头蚜虫即开始防治。人工观察，作物定植后每天观察，一旦植株上发现蚜虫，即应开始防治。②释放数量与次数。建议在作物的整个生长季节内释放3次瓢虫。预防性释放应每棚每次释放100张卵卡，约2 000粒卵。治疗性释放需根据蚜虫发生数量确定，一般瓢虫与蚜虫的比例应达到1∶（30～60），以蚜虫"中心株"为重点进行释放，2周后再释放1次。③释放方法。释放卵宜在傍晚或清晨，将瓢虫卵卡悬挂在蚜虫为害部位附近，以便幼虫孵化后能够尽快取食猎物，悬挂位置应避免阳光直射。释放幼虫，将装有瓢虫幼虫的塑料瓶打开，将幼虫连同介质一同轻轻取出，均匀撒在蚜虫为害严重的枝叶上（图181、图182）。

图181　西瓜上应用异色瓢虫　　　　图182　甜瓜上应用异色瓢虫

　**4. 化学防治**　蚜虫始发期可选用25%噻虫嗪水分散粒剂每亩8～10克或5%啶虫脒微乳剂每亩20～40毫升、20%氟啶虫酰胺水分散粒剂每亩15～25克、50%抗蚜威水分散粒剂每亩12～20克、50%吡蚜酮可湿性粉剂2 000～3 000倍液、50克/升双丙环虫酯可分散液剂每亩10～16毫升、75%吡蚜·螺虫酯水分散粒剂每亩10～12克，18%氟啶·啶虫脒可分散油悬浮剂每亩9～13毫升、50%氟啶·吡蚜酮水分散粒剂每亩15～20克、4%阿维·啶虫脒微乳剂每亩15～25毫升等药剂进行叶面喷雾防治，用药时要注意叶面叶背用药均匀，达到良好的防治效果。也可以选择15%异丙威烟剂每亩250～350克，进行烟剂熏蒸。无论是叶面喷雾还是烟剂熏蒸，要注意轮换用药，延缓蚜虫抗药性的产生。

# 二斑叶螨 ·····················

**分类地位**　二斑叶螨（*Tetranychus urticae* Koch），又名二点叶螨，俗称红蜘蛛、火蜘蛛、火龙、沙龙等，属于节肢动物门（Arthropoda）蛛形纲（Arachnida）蜱螨目（Acariformes）叶螨科（Tetranychoidea）叶螨属（*Tetranychus*）。广泛分布于世界各地，已成为农业三大害螨之一。

**为害特点**　二斑叶螨喜聚集在叶片背面，主要以成螨和幼螨、若螨为害植株，其刺吸植物叶片汁液使植株大量失水，从而导致叶片表皮细胞坏死、营养成分损失、光合作用受抑制等一系列的生理变化，最终使西瓜、甜瓜的叶片变白、干枯、脱落（图183、图184），植株生长停滞，轻者影响植物正常生长，缩短结果期，严重时可导致植株失绿枯死或者全株叶片干枯脱落，影响西瓜、甜瓜的产量和品质。给农业发展和生产带来巨大的损失（图185、图186）。通常情况下，若防治不及时由叶螨为害造成的经济损失可达15%～30%。

图183　西瓜叶片受害状

图184　甜瓜叶片受害状

图185　西瓜叶片干枯

图186　西瓜生长点结网

**形态特征** 二斑叶螨一生要经历4个阶段，包括卵期、幼螨期、若螨期和成螨期，在幼螨期和每个若螨期之后各有1个静止期，该时期的叶螨不动不取食，在适当的环境条件下该时期1～3天不等，之后蜕皮进入下一时期。

成螨：雌成螨近椭圆形，体长0.45～0.60毫米，宽0.30～0.35毫米。体色不同于常见的红色害螨，呈浅绿色或黑褐色。身躯两侧各有13对背毛，躯体共有4对足，1对"山"字形褐色斑（图187）。雄成螨体型菱形，较雌成螨小，长0.30～0.40毫米，宽0.20～0.30毫米，体色呈黄绿色或淡灰绿色，行动灵活且爬行速度较快，体背与雌成螨不同，无明显二斑。

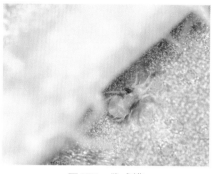

图187 雌成螨

卵：形状似圆球形，长约0.12毫米，初产时无色透明，后略带淡黄色（图188），近孵化时显出2个红色眼点。

幼螨：半球形，体长0.15毫米，体色为透明或黄绿色，躯体两侧有3对足，眼微红，体背无斑或不显斑（图189）。

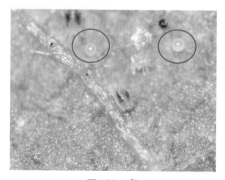

图188 卵

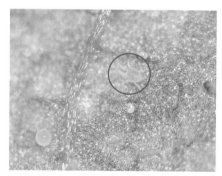

图189 幼 螨

若螨：初期体长为0.20毫米，近椭圆形，具4对足，体色为黄绿色或深绿色，眼红色，体背两侧开始出现二斑。若螨后期，体长0.36毫米，黄褐色，体型类似成螨，蜕皮后变成螨（图190）。

图190 若 螨

A.第一若螨 B.第二若螨

## 发生特点

| 发生代数 | 在北方1年发生12～15代，南方发生20代以上，具有世代重叠现象 |
|---|---|
| 越冬方式 | 北方以雌螨在土缝、枯枝落叶下或旋花、夏枯草等宿根性杂草的根际等处吐丝结网潜伏越冬 |
| 发生规律 | 叶螨一般于每年3月开始活动产卵，夏季6～7月高温干旱时为害最严重，遇到雨季其虫口密度会大量下降，在高温低湿的5～7月为害重。尤其是干旱年份易于大发生。大棚通风后气温高时发生传播快 |
| 生活习性 | 越冬雌螨在翌年春天平均气温5℃以上时开始活动，第一代卵产在杂草上，卵期10余天；随着气温升高繁殖加快，在23～26℃时，完成1代需8～13天，30℃以上时6～7天1代。二斑叶螨生殖方式为有性生殖和孤雌生殖两种，但孤雌生殖仅产生雄性后代，每雌可产50～100粒卵。幼螨和前期若螨不甚活动，后期若螨则活泼贪食，繁殖数量过多时，常在叶端群集成团，并吐丝结网 |

**防治适期** 到了盛夏，温湿度适宜，是叶螨发生的高峰期，应该加强对叶螨的防控，此时田间卵、幼螨、若螨和成螨综合发生，选择对杀卵、幼螨、若螨或成螨效果好的药剂混合使用，控制叶螨的发生。

**防治措施**

1.**农业防治** 秋末清除田间残株败叶，集中烧毁或沤肥；开春后种植前铲除田边杂草，清除田中残余的枝叶，可消灭部分虫源。天气干旱时，注意灌溉，增加瓜田湿度，抑制二斑叶螨发育繁殖。

2.**生物防治** 智利小植绥螨（*Phytoseiulus persimilis*）是二斑叶螨的专食性天敌，它可以在二斑叶螨的网间自由穿梭，并具备远距离捕食二斑叶螨和扩散等本领，能够较好地控制二斑叶螨数量；利用巴氏新小绥螨（*Neoseiulus barkeri*）进行防治时，可配合化学杀螨剂完成，先喷洒化学杀螨剂降低虫口密度，再释放天敌物种，效果最佳。

（1）**早期监测**。在害螨或害虫发生初期、密度较低时（一般每叶害螨或害虫数量在2头以内）应用天敌，害螨密度较大时，应先施用一次药剂进行防治，间隔10～15天后再释放天敌。天气晴朗、气温超过30℃时宜在傍晚释放，多云或阴天可全天释放。

（2）**释放数量与次数**。智利小植绥螨每亩释放5 000～10 000头，巴氏新小绥螨每亩释放14 000～20 000头，一般整个生长季节释放2～3次，如释放后需使用化学杀虫杀螨剂防治其他虫害，可能将智利小植绥螨或巴氏新小绥螨杀灭，需在用药后10～15天再补充释放天敌。

（3）**释放方法**。撒施法，将智利小植绥螨或巴氏新小绥螨包装打开，将天敌连同培养料一起均匀地撒施于植物叶片上，2天内不要进行灌溉，以利于撒落在地面的天敌转移到植株上（图191）。

图191　智利小植绥螨捕食二斑叶螨卵

**3. 化学防治**　可选用的药剂有1.8%阿维菌素乳油3 000～5 000倍液、15%三唑锡悬浮剂1 500倍液、73%炔螨特乳油1 000～1 500倍液、30%腈吡螨酯悬浮剂2 000～3 000倍液、30%乙唑螨腈悬浮剂3 000～6 000倍液、15%哒螨灵乳油2 250～3 000倍液、12.5%阿维·哒螨灵可湿性粉剂1 500～2 500倍液、18%阿维·矿物油乳油3 000～4 000倍液、22%噻酮·炔螨特乳油800～1 600倍液。

温馨提示

　　大量研究发现烟碱类杀虫剂对叶螨的生长具有积极作用，因此，在二斑叶螨防控中，应特别注意避免此类杀虫剂的使用。

## 蓟马 ·····················································

西瓜和甜瓜上发生的主要是棕榈蓟马。

**分类地位** 棕榈蓟马（*Thrips palmi* Karny），又名棕黄蓟马、瓜蓟马、南黄蓟马、节瓜蓟马，属于缨翅目（Thysanoptera）蓟马科（Thripidae）蓟马属（*Thrips*），是西瓜、甜瓜作物上的主要虫害之一。

**为害特点** 棕榈蓟马成虫活跃、善飞、怕光。以成虫和若虫锉吸瓜类嫩梢、嫩叶、花和幼果的汁液，被害嫩叶、嫩梢变硬缩小，出现丛生现象，叶片受害后在叶脉间留下灰色斑，并可连成片，叶片上卷，新叶不能展开，茸毛呈灰褐色或黑褐色（图192、图193）；植株矮小，发育不良，或形成无头苗，似病毒病（图194）；植株生长缓慢，节间缩短；花被害后常留下灰白色的点状食痕，严重时连片呈半透明状，为害严重的花瓣卷缩，使花提前凋谢，影响结实及产量（图195）；幼果受害后出现畸形果，质变硬，毛呈黑色，严重会导致落果（图196）。棕榈蓟马还可持久高效传播番茄斑萎病毒（*tomato spotted wilt virus*，TSWV）、甜瓜黄斑病毒（MYSV）等多种病毒病。

图192 叶脉间留下灰色斑

图193　甜瓜叶片
　　　　受害状

图194　无头苗

图195　蓟马为害西瓜花朵

图196　幼果受害后出现畸形果

**形态特征**

　　成虫：体长0.9～1.1毫米，金黄色，触角7节，第一、二节橙黄色，第三、四节基部黄色，第四节的端部及后面几节灰黑色。单眼间鬃位于单眼连线的外缘。前胸后缘有缘鬃6根，中央两根较长。后胸盾片网状纹中有一明显的钟形感觉器。前翅上脉鬃10根，其中端鬃3根，下脉鬃11根。第二腹节侧缘鬃各3根（图197）。

　　卵：长椭圆形，淡黄色，产卵于幼嫩组织内。

　　若虫：初孵幼虫极微细，体白色，复眼红色。一、二龄若虫淡黄色，无单眼及翅芽，有一对红色复眼，爬行迅速（图198）。

图197　成　虫　　　　　　　　　　　图198　若　虫

　　预蛹：体淡黄白色，无单眼，长出翅芽，长度达到第三、四节腹节，触角向前伸展（图199）。

　　蛹：体黄色，单眼3个，翅芽较长，伸达腹部3/5，触角沿身体向后伸展，不取食（图200）。

图199 预 蛹

图200 蛹

## 发生特点

| 发生代数 | 在我国每年发生3～20代，从北方向南方发生代数逐渐增加，广东地区1年可发生20代，具有世代重叠现象 |
| --- | --- |
| 越冬方式 | 以成虫越冬为主，也有若虫在蔬菜及杂草上或土块、土缝内，或枯枝落叶中越冬，少数以蛹在土壤中越冬 |
| 发生规律 | 当气温回升至12℃时，越冬虫开始活动，初孵若虫群集在瓜类叶基部为害，稍大即分散。1年中以4～6月、10～11月为害重。北京地区大棚内4月初开始活动为害，5月进入为害盛期。喜温暖干燥，在多雨季节种群密度显著下降 |
| 生活习性 | 成虫营两性或孤雌生殖，羽化后1～2天即产卵，2～8天进入产卵盛期，卵产在嫩叶组织里，产卵适温18～25℃，每雌产卵22～35粒。成虫活跃、能飞善跳，扩散快，具有趋蓝的特性，初孵若虫不太活动，多集中在叶背或叶脉两侧为害，若虫怕光，到三龄末期停止取食，坠落在表土，入土化蛹 |

**防治适期** 防治最佳时间是在春季的5～6月，西瓜、甜瓜进入花期，要加强防控。

**防治措施**

　　**1. 农业防治** 目前农业防治可以采取露天种植和设施种植覆盖地膜的方式，可大大减少出土成虫、若虫的数量。及时处理大棚里的枯枝残叶和周边杂草，采取集中处理方式，有效减少蓟马发生为害的虫源量。加强施肥和浇水，促进植株生长健壮、良好，可明显减少蓟马为害。

**2. 物理防治**　在夏季温室闲置时，可采取高温闷棚。将棚温升至45℃以上，保持15～20天，可杀灭虫卵，降低虫源基数。

棕榈蓟马对蓝色有强烈的趋性，生产上常采用蓝色粘虫板对该虫进行诱杀。一般成虫初发期为害作物，可在距作物生长点20～30厘米的上方悬挂蓝色粘虫板，间隔悬挂或插在大棚内适当位置，可取得一定诱杀效果。同时监测蓟马的种群消长情况作为蓟马为害程度的实时监测手段。

**3. 生物防治**

（1）**生物药剂。**蓟马发生初期可选用60克/升乙基多杀菌素悬浮剂每亩40～50毫升或25克/升多杀霉素悬浮剂每亩65～100毫升、150亿个孢子/克球孢白僵菌可湿性粉剂每亩160～200克或0.3%苦参碱可溶性液剂每亩150～200毫升等生物药剂进行叶面喷雾，叶面叶背均匀用药。

（2）**生物天敌。**东亚小花蝽是棕榈蓟马的优势天敌，能够较好地控制其数量（图201）。具体应用方法如下：

①早期监测。出现成虫即开始防治。轻度发生，色板上出现1～2头，每朵花上数量少于2头。重度发生，色板上多于2头，每朵花上多于10头。

图201　东亚小花蝽捕食蓟马若虫

②释放量。预防性释放时，释放量为成虫或若虫0.5～1头/米²，连续释放2～3次，间隔7天释放1次。轻度发生，释放量为成虫或若虫1～2头/米²，连续释放2～3次，间隔7天释放1次。

③释放方法。撒施法：打开装有东亚小花蝽的包装瓶，连同包装介质一起均匀撒在植株花和叶片上。挂袋法：打开装有东亚小花蝽的无纺布包装袋，悬挂在植株花及叶片附近，让小花蝽自行爬出捕食。

④释放时间。夏秋季节应在晴天10:00之前、16:00之后释放，可避免棚室内温度过高，东亚小花蝽难以适应。冬春季可选择在10:00～17:00释放，可避免棚室内早、晚露水对东亚小花蝽活动的影响。

**4. 化学防治**　低龄若虫盛发期前叶面喷施40%呋虫胺可溶性粉剂每亩15～20克或21%噻虫嗪悬浮剂每亩18～24毫升、2%甲氨基阿维菌素苯甲酸盐微乳剂每亩9～12毫升、10%啶虫脒乳油每亩15～20毫升、10%溴氰虫酰胺可分散油悬浮剂每亩33.3～40毫升、240克/升虫螨腈悬浮剂每亩20～30毫升、5%阿维·啶虫脒微乳剂每亩15～20毫升、30%呋虫·噻虫嗪悬浮剂2 000～3 000倍液及40%氟虫·乙多素水分散粒剂每亩10～14克等。为防止抗药性的快速产生，应尽量交替用药。

## 温室白粉虱

**分类地位**　温室白粉虱（*Trialeurodes vaporariorum* Westwood），又名小白蛾子、温室白粉虱属半翅目粉虱科（Aleyrodidae）。

温室白粉虱

**为害特点**　成虫和若虫群集在叶片背面，刺吸植物汁液进行为害，造成叶片褪绿、变黄、萎蔫，果实畸形僵化，甚至全株枯死（图202）。此外，能分泌大量蜜露，严重污染叶片和果实，往往引起煤污病的大发生，使西瓜和甜瓜失去商品价值（图203）。

图202　白粉虱在甜瓜叶背为害

图203　甜瓜叶片形成煤污

**形态特征**

成虫：体长1～1.5毫米，淡黄色，复眼赤红，刺吸式口器。双翅白色，表面覆盖蜡粉，翅端半圆形遮住腹部，翅脉简单，沿翅外缘有一小

图204　成　虫

段颗粒。雌虫个体明显大于雄虫，雄虫腹部细窄，腹部末端外生殖器为黑色。该虫停息时双翅在体上合成屋脊状，如蛾类（图204）。

卵：长0.2毫米，侧面观长椭圆形，基部有卵柄，柄长0.02毫米，从叶背的气孔插入植物组织内。卵初产淡黄色，后渐变褐色，孵化前变紫黑色。

若虫：一龄若虫体长约0.29毫米，长椭圆形；二龄若虫体长约0.37毫米；三龄若虫体长约0.51毫米，淡绿色或黄绿色，足和触角退化，紧贴在叶片上营固着生活；四龄若虫又称伪蛹，体长0.7～0.8毫米，椭圆形，初期体扁平，逐渐加厚，中央略高，黄褐色，体背有长短不齐的蜡丝，体侧有刺。

## 发生特点

| 发生代数 | 在北方温室中1年可发生10代左右，世代重叠现象严重 |
|---|---|
| 越冬方式 | 北方地区棚外和棚内均不能越冬，以各种虫态在日光温室内越冬并繁殖 |
| 发生规律 | 在7～9月为害严重，10月以后当年西瓜和甜瓜生产结束，温度降低，虫口密度减少，为害减轻。之后，在其他园艺作物的温室内继续繁殖为害，翌年4、5月可转移到西瓜和甜瓜种植地为害 |
| 生活习性 | 生殖方式以两性生殖为主，产生后代为雌雄两性；也可营孤雌生殖，其后代为雄性。成虫羽化后1～3天可交尾产卵，平均每雌产卵120～130粒。各虫态在植株上层次分布，卵多产在顶端嫩叶，而变黑的卵和初龄幼虫多在稍向下的叶片上，老龄幼虫则在再向下的叶片上，蛹及新羽化的成虫主要集聚于最下层的叶片上。成虫具有强烈的趋黄性和趋嫩性，不善于飞翔，随着植株的生长不断追逐上部嫩叶产卵 |

**防治适期**　一龄若虫发生高峰期为最佳防治期，且应在早期虫口密度较低时进行防治。

**防治措施**

1. **农业防治**　加强栽培管理，结合修剪整枝，摘除老叶、病叶烧毁或深埋，以减少虫源。

2. **物理防治**　利用白粉虱强烈的趋黄性，在田间悬挂黄色粘虫板，诱杀成虫。

3. **生物防治**　白粉虱的天敌有丽蚜小蜂、烟盲蝽和蜡蚧轮枝菌等。可人工释放烟盲蝽或丽蚜小蜂进行防治，或喷施D-柠檬烯、鱼藤酮等生物农药。

4. **化学防治**　应在早期虫口密度较低时施用，可选用25%噻嗪酮可湿性粉剂1 000 ～ 1 500倍液或10%吡虫啉可湿性粉剂1 500 ～ 2 000倍液、1.8%阿维菌素乳油1 500 ～ 2 000倍液、25%噻虫嗪水分散粒剂3 000 ～ 3 500倍液，每间隔5 ～ 7天喷1次，连续喷2 ～ 3次。

## 烟粉虱

**分类地位**　烟粉虱（*Bemisia tabaci*）属半翅目粉虱科（Ale-yrodidae），是一种世界性分布的害虫。

**为害特点**　成虫、若虫刺吸植物汁液，受害叶褪绿萎蔫或枯死。近年该虫为害呈上升趋势，有些地区与B型烟粉虱及白粉虱混合发生，混合为害更加猖獗。除刺吸汁液造成植株瘦小外，成虫和若虫还分泌蜜露，诱发煤污病，严重时叶片呈黑色（图205）。B型烟粉虱若虫分泌的蜜露能造成西葫芦、南瓜等葫芦科作物生理功能紊乱，产生银叶病和白茎。

**形态特征**

成虫：雌虫体长（0.91±0.04）毫米，翅展（2.13±0.06）毫米；雄虫体长（0.85±0.05）毫米，翅展（1.81±0.06）毫米。虫体淡黄白色到白色，复眼红色，肾形，单眼2个，触角发达，7节。翅白色无斑点，被有蜡粉。前翅有两条翅脉，第一条脉不分叉，停息时左右翅合拢呈屋脊状，两翅之间的屋脊

图205　烟粉虱为害西瓜叶片

处有明显缝隙，两翅之间的角度比温室白粉虱竖立，足3对，跗节2节，爪2个（图206、图207）。

图206 成 虫

图207 双翅合并呈屋脊状

卵：椭圆形，有小柄，与叶面垂直，卵柄通过产卵器插入叶内，卵初产时淡黄绿色，孵化前颜色加深，呈琥珀色至深褐色，但不变黑。卵散产，在叶背分布不规则。

若虫：一至三龄若虫椭圆形。一龄体长约0.27毫米，宽0.14毫米，有触角和足，初孵若虫能爬行，有体毛16对，腹末端有1对明显的刚毛，腹部平、背部微隆起，淡绿色至黄色，可透见2个黄点。二龄体长0.36毫米，三龄体长0.50毫米，足和触角退化或仅1节，体缘分泌蜡质，固着为害（图208）。四龄若虫，又称伪蛹，淡绿色或黄色，长0.6～0.9毫米；蛹壳边缘扁薄或自然下陷，无周缘蜡丝；胸气门和尾气门外常有蜡缘饰，在胸气门处呈左右对称（图209）；蛹背蜡丝的有无常随寄主而异。

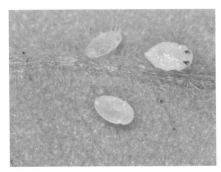
图208 二龄若虫

图209 伪 蛹

## 发生特点

| 发生代数 | 发生世代自北向南依次增加，热带和亚热带地区1年发生11～15代，温带地区露地1年可发生4～6代，保护地可周年繁殖为害 |
|---|---|
| 越冬方式 | 以各种虫态在温室西瓜和甜瓜上越冬为害，翌年转向大棚及露地西瓜和甜瓜上，成为初始虫源 |
| 发生规律 | 春末夏初烟粉虱数量增长较快，秋季数量迅速上升达到高峰，9月下旬为害最为严重，10月下旬以后随着气温的下降，虫口数量逐渐减少 |
| 生活习性 | 烟粉虱有卵、若虫、伪蛹和成虫4个虫态，25℃条件下，一个世代需18～30天，最佳发育温度为26～28℃。在适合的植物上平均产卵200粒以上。烟粉虱羽化后喜欢在中上部成熟叶片上产卵，而在原为害叶片上产卵很少 |

**防治适期**　一龄若虫发生高峰期为最佳防治期，且应在早期虫口密度较低时进行防治。

**防治措施**

1. **农业防治**　育苗房和生产温室分开。育苗前彻底熏杀残余虫口，清理杂草和残株，在通风口密封尼龙纱，控制外来虫源。避免甜瓜与黄瓜、番茄、菜豆混栽。温室、大棚附近避免栽植黄瓜、番茄、茄子、菜豆等粉虱易严重发生的蔬菜。

2. **物理防治**　白粉虱对黄色敏感，有强烈趋性，可在温室内设置黄色粘虫板诱杀成虫。黄色粘虫板悬挂方法及其他物理防治方法同瓜蚜物理防治。

3. **生物防治**

（1）**生物农药**。在粉虱发生初期，可叶面喷施5% D-柠檬烯可溶性液剂每亩100～125毫升、200万cfu/毫升耳霉菌悬浮剂每亩150～230毫升及0.3%的印楝素乳油1 000倍液。

（2）**生物天敌**。可利用烟盲蝽。定植前15天，以0.5～1头/米² 的密度在苗床上释放烟盲蝽成虫，同时需投放人工饲料。开花坐果期：可在粉虱未发生时释放烟盲蝽预防，具体方法为L形释放法，即把烟盲蝽重点释放在棚室内靠近出入口的第一行植株和靠近走道的每行第一株上。释放数量为1～2头/米²。在烟粉虱发生重点区域，按照益害比1：5释放烟盲蝽大龄若虫和成虫。7天后根据粉虱动态补充释放一次。

4. **化学防治**　扣棚后将棚的门、窗全部密闭，用35%的吡虫啉烟雾剂熏蒸大棚，也可用灭蚜松或异丙威烟剂熏蒸，消灭迁入温棚内越冬的成虫。当被害植物叶片背面平均有3～5头成虫时，进行喷雾防治。选用25%噻嗪酮可湿性粉剂2 500倍液或25%噻虫嗪水分散粒剂每亩4 ~ 8克、40%螺虫乙酯悬浮剂每亩12 ~ 18毫升、60%呋虫胺水分散粒剂每亩10 ~ 17克、10%吡虫啉可湿性粉剂1 000倍液、75克/升阿维菌素·双丙环虫酯可分散液剂每亩45 ~ 53毫升。为延缓害虫抗药性的产生，防治时注意交替用药。

## 美洲斑潜蝇 ·······························································

　　潜叶蝇是一类世界性的微小害虫，北京地区调查共发现5种潜叶蝇，分别为豌豆彩潜蝇、葱斑潜蝇、美洲斑潜蝇（*Lirionyza sativae* Blanchard）、番茄斑潜蝇和南美斑潜蝇，其中豌豆彩潜蝇和美洲斑潜蝇为优势种。西瓜和甜瓜上美洲斑潜蝇为害最为严重。

**分类地位**　美洲斑潜蝇，又名蔬菜斑潜蝇、美洲甜瓜斑潜蝇、苜蓿斑潜蝇，属双翅目（Diptera）潜蝇科（Agromyzidae）。

**为害特点**　成虫产卵于瓜叶上，孵化后幼虫钻入叶内，主要通过幼虫蛀食寄主叶片，产生不规则虫道，即"潜道"来为害寄主，同时雌成虫也可刺伤寄主叶片并进行取食（图210、图211）。该害虫不仅个体微小，不易察觉，并且幼虫以蛀食叶片形成的潜道作为庇护所，使得其防治十分困难。

图210　西瓜叶片受害状

图211　甜瓜叶片受害状

### 形态特征

　　成虫：雌虫体长2.5毫米，雄虫1.8毫米，翅展1.8～2.2毫米。体色灰黑色，额鲜黄色，侧额上面部分色深，甚至黑色，虫体结实。第三触角节鲜黄色，无角刺。足的基节、腿节鲜黄色，胫跗节色深（图212）。

图212　成　虫（王建贇供图）

　　卵：乳白色，半透明，将要孵化时呈浅黄色，卵大小（0.2～0.3）毫米×（0.1～0.15）毫米。

　　幼虫：蛆状，共3龄。初孵时半透明，长0.5毫米，老熟幼虫体长3毫米。幼虫随着龄期的增加，逐渐变成淡黄色，如果被寄生后，后期幼虫呈黑褐色，幼虫后气门呈圆锥状突起，顶端三分叉，各具一开口。

　　蛹：椭圆形，橙黄色，后期变深，腹面略扁平，与幼虫相似，长1.3～2.3毫米（图213）。

图213　蛹（王建贇供图）

## 发生特点

| 发生代数 | 北京地区每年发生 8 ~ 9 代，华南地区每年可发生 15 ~ 20 代 |
|---|---|
| 越冬方式 | 在北京地区露地不能越冬，保护地可周年为害并在作物上越冬。南方无越冬 |
| 发生规律 | 在北京地区，田间6月初见，7月中旬至9月下旬是露地的主要为害时期，10月上旬后虫量逐渐减少。保护地种植通常有两个发生高峰期，即春季至初夏和秋季，以秋季为重 |
| 生活习性 | 成虫具有趋光、趋绿、趋黄、趋蜜等特点。在 14 ~ 31℃条件下均可发育，随着温度升高，发育历期缩短。卵经2 ~ 5天孵化，幼虫期4 ~ 7天，蛹经7 ~ 14天羽化为成虫。夏季2 ~ 4周1个世代，冬季6 ~ 8周1个世代 |

**防治适期**　一般在5月上旬左右开始发生，6 ~ 7月是为害高峰期。5 ~ 7月是重点防治时期，如果发现有零星成虫，便要开始用药。喷药时间可在9:00 ~ 10:00进行，可将药液喷洒在植株和株间地表上，效果最佳。

**防治措施**

1. **农业防治**　使用充分腐熟的有机肥，避免施用未经腐熟的有机肥料而招致成虫产卵。早春和秋季育苗及定植前，彻底清除田内外杂草、残株、败叶，并集中烧毁，减少虫源。种植前深翻整地，适时灌水浸泡和深耕20厘米以上，均能消灭蝇蛹，两者结合进行效果更好。

2. **物理防治**　在夏季换茬时，将棚门关闭，使棚内温度达 50℃以上，然后持续2周左右。在冬季让地面裸露1 ~ 2周，均可有效杀灭美洲斑潜蝇。利用黄色粘虫板诱蝇效果明显。田间每亩挂黄色粘虫板20片左右，每10天更换1次。

3. **化学防治**　宜在成虫高峰期、卵孵化盛期或初龄幼虫高峰期用药。可选用19%溴氰虫酰胺悬浮剂2.8 ~ 3.6毫升/米$^2$（苗床喷淋）或80%灭蝇胺水分散粒剂每亩15 ~ 18克、31%阿维·灭蝇胺悬浮剂每亩22 ~ 27毫升，每隔15天喷1次，连喷2 ~ 3次。由于灭蝇胺属于昆虫生长调节剂类农药，毒性低，且害虫不易产生抗性，可优先考虑使用。斑潜蝇发生量大时，定植时可用噻虫嗪2 000倍液灌根，更有利于控制斑潜蝇。另外，可根据环境和时期的具体情况，采用作用机制不同的药剂交替使用，延缓抗药性的产生。

# 瓜绢螟 ·····

瓜绢螟

**分类地位** 瓜绢螟（*Diaphania indica*），又名瓜螟、瓜野螟，幼虫俗称小青虫，属鳞翅目草螟科绢螟属。

**为害特点** 以幼虫为害西瓜和甜瓜的叶片和果实。为害叶片时，初孵低龄幼虫常在叶背啃食叶肉形成灰白色斑或在嫩梢上取食造成缺口缺刻，随着虫龄增大，幼虫直接在叶片的正反面啃食叶片（图214）；三龄以上幼虫还可吐丝将叶片或嫩梢缀合起来，躲于其中取食。为害严重时造成植株叶片大量穿孔或仅剩叶脉。为害果实时，可啃食西瓜和甜瓜等寄主的果皮，或直至蛀入果实和茎蔓内为害，使果实失去食用价值（图215）。为害严重时，果皮被啃食，仅剩瓜瓤。

图214 叶片受害形成缺刻

图215 幼果受害状

**形态特征**

成虫：体长10～13毫米，翅展24～26毫米，头胸部黑色。触角黑褐色，长度接近翅长。前后翅白色半透明，略带紫光。前翅、后翅前缘及翅面外缘有一条淡黑褐色带，翅面其余部分为白色三角形，缘毛黑褐色。腹部背面1～4节白色，5～6节黑褐色，末端具有黄褐色毛丛，足白色（图216）。

卵：扁平，椭圆形，淡黄色，表面有龟甲状网纹。

幼虫：共5龄。幼虫胸腹部草绿色。末龄幼虫体长23～26毫米，亚背线呈两条较宽的乳白色纵带，化蛹前白色纵带消失（图217、图218）。

图216　成　虫

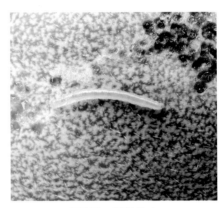

图217　低龄幼虫

图218　老熟幼虫

蛹：长14毫米，深褐色，头部光整尖瘦，有薄茧（图219）。

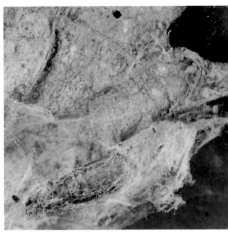

图219　蛹

**发生特点**

| 发生代数 | 广东1年可发生5～6代，北京地区1年可发生3～4代 |
| --- | --- |
| 越冬方式 | 以老熟幼虫或蛹在寄主枯枝卷叶或土表中越冬 |
| 发生规律 | 4月底开始羽化，5月幼虫开始为害，7～9月发生数量多，世代重叠，为害严重。11月后进入越冬期 |
| 生活习性 | 成虫喜夜间活动，具有趋光性，白天潜伏在瓜叶丛中或杂草等隐蔽场所，很少飞翔。雌蛾在生长旺盛的瓜地植株和在较嫩的叶片背面产卵，单产或散产，每雌蛾可产卵300～400粒，卵期5～7天，幼虫期9～16天，蛹期6～9天，成虫寿命6～14天。一至三龄幼虫，抗药性弱，食量小，为害轻，是防治的最好阶段。四龄以后幼虫食量增大，抗药性强，难以控制。幼虫三龄后卷叶取食，蛹化于卷叶或落叶中或根际表土 |

**防治适期**　三龄后幼虫藏匿于卷叶内为害，防治难度大。因此，防治最佳时期为幼虫缀叶前，即卵盛孵期至二龄幼虫期。

**防治措施**

1. **农业防治**　西瓜和甜瓜采摘完毕后，及时清理瓜蔓等植株残体和种植地周边杂草；人工摘除卷叶或幼虫群集的叶片、果实，带出田外集中销毁；选择与芹菜、韭菜、葱蒜类、玉米等作物轮作；休田时及时翻耕土壤晒田。

**2. 物理防治**　采用频振式或微电脑自控灭虫灯，对瓜绢螟有效；设置防虫网阻止成虫进入，换茬时深翻土壤灌水，保护地进行高温闷棚。

**3. 生物防治**　在瓜绢螟卵孵化始盛期，三龄幼虫出现高峰期前（即幼虫尚未缀合叶片前），选用生物农药16 000单位苏云金杆菌可湿性粉剂800倍液、1%印楝素乳油750倍液或3%苦参碱水剂800倍液喷雾防治。

**4. 化学防治**　在瓜绢螟卵孵化始盛期，三龄幼虫出现高峰期前（即幼虫尚未缀合叶片前），可选用19% 溴氰虫酰胺悬浮剂2.6 ～ 3.3毫升/米$^2$（苗床喷淋）、5%氟啶脲乳油1 000倍液、15%茚虫威悬浮剂3 500倍液、10%溴氰虫酰胺可分散油悬浮剂1 500倍液、5%氯虫苯甲酰胺悬浮剂1 000倍液等微、低毒化学农药防治。视虫害发生严重度，决定喷药的次数，一般每隔7 ～ 10天喷药1次，连续喷2 ～ 3次，上述药剂注意轮换使用。最好在清晨或傍晚施药，喷施时叶片的正反面及茎蔓处均要喷到。

## 甜菜夜蛾 ························································

**分类地位**　甜菜夜蛾（*Spodoptera exigua*），又名玉米夜蛾、贪夜蛾，属鳞翅目（Lepidoptera）夜蛾科（Noctuidae）。该虫为世界性害虫，多食性、暴发性害虫，寄主植物多达150余种，近几年已发展成西瓜和甜瓜的重要害虫。

**为害特点**　该虫主要以幼虫啃食西瓜和甜瓜植株叶片、初孵幼虫群集于叶片为害，吐丝结网，受害部位呈网状半透明的窗斑，干枯后纵裂。三龄后幼虫开始分群为害，可将叶片食成孔洞、缺刻，严重时全部叶片被食尽，整个植株死亡。四龄后幼虫开始大量取食，啃食花瓣和果皮（图220）。

**形态特征**

成虫：体长8 ～ 14毫米，翅展19 ～ 30毫米，虫体灰褐色，头、胸部有黑点。前翅灰褐色，基线仅前段可见双黑纹；内横线双线，黑色，波浪形外斜；剑纹为一黑条；环纹粉黄色，黑边；中横线黑色，波浪形；外横线双线，黑色，锯齿形，前后端的线间白色；亚缘线白色，锯齿形，两侧

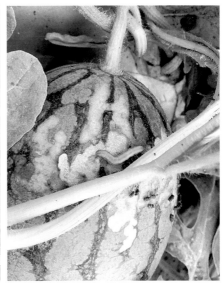

图220 西瓜果实受害状

有黑点;缘线为一列黑点,各点内侧均衬白色,后翅白色,翅脉及缘线黑褐色(图221)。

卵:近半球形,白色,表面有放射状隆起线。成块产于叶片背面,大多数卵块数十粒,分2～3层叠加一起,表面覆盖白色绒毛。

幼虫:体长25～30毫米,体色变化很大,有绿色、暗绿色、黄褐色、褐色至黑褐色等,腹部体侧气门线为明显的黄白色纵带,有时呈粉红色,末端只达腹部末端,不延伸至臀足上。腹部各节气门后上方具一白点,绿色个体该特征更明显(图222)。

图221 成 虫

蛹:体长10毫米左右,黄褐色,胸部气门深褐色,位于前胸后缘,显著外突,臀棘上有刚毛2根(图223)。

图222 幼虫（段晓东供图）

图223 蛹

## 发生特点

| | |
|---|---|
| 发生代数 | 深圳地区1年可发生10～11代，长江中下游1年可发生5～6代，北京等华北地区1年可发生2代 |
| 越冬方式 | 华南地区无越冬现象，可终年繁殖为害，北方地区以蛹在土壤内越冬 |
| 发生规律 | 长江流域第一代高峰期为5月上旬至6月下旬，在华北地区第一代发生在7月下旬至8月中下旬，第二代9月上旬至10月中下旬，11月后进入越冬期 |
| 生活习性 | 成虫具有较强的飞行能力，是一种迁飞性害虫，每年随雨季由南方迁飞到北方。成虫昼伏夜出，有强趋光性和弱趋化性。最适宜生存温度26～29℃，最适宜生存相对湿度70%～80%，在此条件下各虫态的发育历期分别为卵期2天，幼虫期10～12天，蛹期5～6天，产卵前期1～2天，产卵期4～6天 |

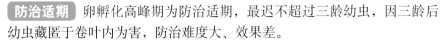

**防治适期**　卵孵化高峰期为防治适期，最迟不超过三龄幼虫，因三龄后幼虫藏匿于卷叶内为害，防治难度大、效果差。

**防治措施**

1. **农业防治**　清洁田园，清除杂草，结合田间夏冬两季割茎去叶，移走枝叶残体，以减少虫源。秋季或冬季翻耕土壤，消灭越冬蛹。在条件允许的情况下，夏天进行高温闷棚，杀死虫、卵和蛹。还可进行人工摘除卵块和捕捉高龄幼虫，集中销毁，降低来年的虫口基数。在路边、棚间种植显花植物，为天敌提供食源和繁殖场所，提高田园生态自控能力。在大棚西瓜和甜瓜管理、农事操作活动中，避免施用对天敌杀伤力较大的农药，做好捕食性和寄生性天敌的保护工作。

2. **物理防治**　设施栽培，利用防虫网阻隔成虫进入。根据成虫趋光性，在西瓜和甜瓜种植园悬挂风吸式杀虫灯诱杀成虫。也可使用性诱剂诱杀成虫，一般每个大棚（300米$^2$左右）使用性诱剂诱捕器1个。把诱捕器固定在大棚内，安置于西瓜茎叶上方10厘米处，在使用4～6周后及时更换诱芯，以提高防治效果。

3. **生物防治**　加强监测预警，当害虫发生达到防治指标时，应掌握在卵孵化高峰和低龄幼虫期防治，可使用10亿个多角体/毫升苜蓿银纹夜蛾核型多角体病毒悬浮剂每亩100～150毫升或30亿个多角体/毫升甜菜夜蛾核型多角体病毒悬浮剂每亩20～30毫升、32 000单位/毫克苏云金杆菌可湿性粉剂每亩40～60克、60克/升乙基多杀菌素悬浮剂每亩20～40毫升、甜核·苏云菌（1万个多角体/毫克，16 000单位/毫克）可湿性粉剂每亩75～100克、0.3%苦参碱水剂每亩135～148毫升，叶面喷雾。

4. **化学防治**　加强监测预警，当害虫发生达到防治指标时，应掌握在卵孵化高峰和低龄幼虫期施药防治，可选用5%氯虫苯甲酰胺悬浮剂每亩45～60毫升或10%溴氰虫酰胺悬乳剂每亩10～23毫升、5%高氯·甲维盐微乳剂每亩30～40毫升、20%虫酰肼悬浮剂每亩75～100毫升、3%甲氨基阿维菌素苯甲酸盐微乳剂每亩5～8毫升、15%茚虫威悬浮剂每亩15～20毫升、200克/升四唑虫酰胺悬浮剂每亩7.5～10毫升，叶面喷雾。要注意农药的合理交替使用，延缓害虫对农药产生抗性，并注意用药后的安全采收间隔期，防止西瓜和甜瓜农药残留超标。

# 斜纹夜蛾 ·········································································

**分类地位** 斜纹夜蛾（*Spodoptera litura*），又称斜纹夜盗蛾，俗称夜盗虫、乌头虫，属鳞翅目夜蛾科，是一种世界性分布的暴食性、杂食性农业害虫。

**为害特点** 幼虫刚孵化时群聚在卵块附近的植株叶片背面取食叶肉，叶片被啃食处出现不规则透明白斑，仅留下叶片表皮；为害西瓜和甜瓜时，果实表皮有啃食的痕迹（图224、图225）。田间虫口密度大时，斜纹夜蛾有成群迁移现象。

图224　西瓜果实表皮被中度啃食

图225　西瓜果实表皮被严重啃食

**形态特征**

　　成虫：体长14～20毫米，翅展35～40毫米，头、胸、腹均深褐色，胸部背面有白色丛毛，腹部前数节背面中央具暗褐色丛毛；前翅灰褐色，其环纹和肾纹之间有3条明显的白斜纹，并自基部向外缘有1条白纹；外缘各脉间有1个黑点，后翅白色无斑纹（图226）。

　　卵：扁半球形，直径0.4～0.5毫米，群产于叶背，以枝条中上部叶片为多，常数十粒至上百粒呈块状，表面有纵横脊纹，初产时为黄白色，后转淡绿色，近孵化时呈紫黑色，3～4层卵常重叠成椭圆形块，表面覆盖棕黄色疏松毛鳞（图227）。

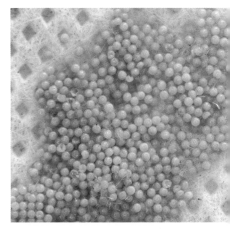

图226　成虫（左：雄蛾，右：雌蛾）　　　　　图227　卵　块

幼虫：体长35～40毫米，头部黑褐色，体色多变，从中胸到第九腹节在亚背线内侧有三角形黑斑1对，其中第一、七、八腹节上的黑斑最大，腹足4对。胴部体色因寄主不同而异，呈土黄色、青黄色、灰褐色、暗绿色等（图228）。

图228　幼　虫

蛹：体长15～20毫米，赤褐色至暗褐色，腹部背面第四至七节近前缘处各有1个小刻点，腹末有1对强大的臀刺，且臀刺短，有1对强大而弯曲的刺，刺的基部分开（图229）。

图229　蛹

**发生特点**

| 发生代数 | 华北地区1年发生4～5代，长江流域和黄河流域一般1年发生5～6代，福建1年发生6～9代，世代重叠 |
| --- | --- |
| 越冬方式 | 在福建、广东等南方地区，终年可繁殖，冬季可见各虫态，无越冬休眠现象，在长江中下游地区不能越冬 |
| 发生规律 | 每年以7～10月发生数量最多，为害高峰期在7～9月 |
| 生活习性 | 成虫昼伏夜出，飞翔力很强，对黑光灯有较强的趋性。各虫态发育适宜温度为28～30℃，雌成虫产卵期为1～3天，卵多产于叶片背面，每雌产3～5个卵块，每卵块有卵数十粒至数百粒 |

**防治适期**　最佳防治期为卵孵化高峰期至二龄幼虫始盛期。

**防治措施**

1. **农业防治**　清洁田园，清除杂草，结合田间夏冬两季割茎去叶，移走枝叶残体，以减少虫源。在条件允许的情况下，夏天进行高温闷棚，杀死虫、卵和蛹。在路边、棚间种植显花植物，为天敌提供食源和繁殖场所，提高田园生态自控能力。

2. **物理防治**　设施栽培，利用防虫网阻隔成虫进入。根据成虫趋光性，在西瓜和甜瓜种植园悬挂风吸式杀虫灯诱杀成虫。也可使用性诱剂诱杀成虫，一般每个大棚（300米²左右）使用性诱剂诱捕器1个。把诱捕器固定在大棚内，安置于西瓜和甜瓜茎叶上方10厘米处，在使用4～6周后及时更换诱芯，以提高防治效果。

3. **生物防治**　加强监测预警，当害虫发生达到防治指标时，应掌握在卵孵化高峰和低龄幼虫期，使用10亿个多角体/毫升斜纹夜蛾核型多角体病毒悬浮剂每亩50～75毫升或1%苦皮藤素水乳剂每亩90～120毫升、32 000单位/毫克苏云金杆菌可湿性粉剂每亩40～60克、60克/升乙基多杀菌素悬浮剂每亩20～40毫升，叶面喷雾。

**4. 化学防治**　加强监测预警，当害虫发生达到防治指标时，应掌握在卵孵化高峰和低龄幼虫期，选用5%甲氨基阿维菌素苯甲酸盐水分散粒剂每亩4～5克或25%甲维·虫酰肼悬浮剂每亩40～60毫升、200克/升氯虫苯甲酰胺悬浮剂每亩7～13毫升、25%甲维·虫酰肼悬浮剂每亩40～60毫升，叶面喷雾。要注意农药的合理交替使用，延缓害虫对农药产生抗性，除植株上均匀着药以外，植株根际附近地面要同时喷透，对地面幼虫进行有效防治。

## 棉铃虫 ............................................................

**分类地位**　棉铃虫（*Helicoverpa ar- migara*），又名棉铃实夜蛾、红铃虫、绿带实蛾，属鳞翅目夜蛾科（Noctuidae）。

**为害特点**　初孵幼虫先食卵壳，不久开始为害生长点和取食嫩叶，形成缺刻或孔洞；二龄后钻入花蕾中取食花蕊。三至四龄幼虫主要为害幼果，受害幼果下部有蛀孔，直径约5毫米，不圆整，果内无粪便，果外有粒状粪便（图230）。五至六龄幼虫进入暴食期，多为害果实，从基部蛀食，有蛀孔，孔径粗大，近圆形，孔外虫粪粒大且多，赤褐色（图231）。棉铃虫有转移为害的习性，1只幼虫可为害多株西瓜和甜瓜，且各龄幼虫均有食掉蜕下旧皮留头壳的习性，给鉴别虫龄造成一定困难，虫龄不整齐。

图230　甜瓜果实受害状

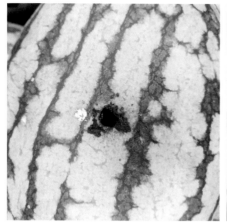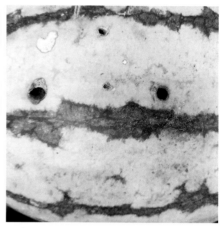

图231　西瓜果实受害状

　　成虫：体长15 ~ 20毫米，翅展30 ~ 38毫米，灰褐色。复眼球形、绿色；前翅具褐色环状纹及肾形纹，肾形纹前方的前缘脉上有二褐纹，肾形纹外侧为褐色宽横带，端区各脉间有黑点；后翅灰白色，沿外缘有黑褐色宽带，宽带中央有2个相连的白斑，且后翅前缘有1个月牙形褐色斑（图232）。

图232　成　虫

卵：半球形，高0.5毫米左右，乳白色，顶部微隆起；表面布满纵横纹，具纵横网格；纵纹从顶部看有12条，中部2条纵纹间夹有1～2条短纹且多2～3叉，所以从中部看有26～29条纵纹。

幼虫：体长30～50毫米，体色多变，由淡绿、淡红至红褐色乃至黑紫色，常见为绿色及红褐色（图233、图234）；老熟六龄幼虫头部黄褐色，背线、亚背线和气门上线均呈深色纵线，气门白色，腹足趾钩为双序中带；体表布满小刺，且底座较大。

图233　棕色老熟幼虫

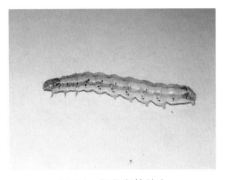

图234　绿色老熟幼虫

蛹：长17～21毫米，纺锤形，黄褐色，腹末有1对臀刺，刺的基部分开；腹部第五至七节的背面和腹面有7～8排半圆形刻点，较粗而稀；一般入土5～15厘米化蛹，外被土茧（图235）。

图235　蛹

**发生特点**

| 发生代数 | 年发生世代数由北向南逐渐增加，辽河流域和新疆等地发生3代，黄河及长江流域发生4～5代，华南6代 |
| --- | --- |
| 越冬方式 | 黄河和长江流域以滞育蛹在土中越冬，陕西关中地区以蛹在表土中越冬 |

（续）

| 发生规律 | 气温回升至15℃以上时越冬蛹开始羽化，4月下旬至5月上旬为羽化盛期，第一代成虫盛期出现在6月中下旬，第二代在7月下旬，第三代在8月中下旬至9月上旬，至10月上旬尚有棉铃虫出现 |
|---|---|
| 生活习性 | 成虫白天栖息在叶背和隐蔽处，黄昏开始活动，吸取植物花蜜补充营养，飞翔能力强，产卵有强烈的趋嫩性；成虫对黑光灯（300纳米光波）和半枯萎的杨树枝有较强趋性，白天隐蔽在叶背等处，黄昏开始活动，取食花蜜；交尾和产卵在夜间进行，卵多分散产于植株上部叶背面；少数产在叶正面、顶芽、叶柄、嫩茎或杂草等其他植物上。一头雌蛾一生可产卵500～1 000粒，最高可达2 700粒 |

【防治适期】 在卵孵化盛期至二龄幼虫期喷药防治，以卵孵化盛期喷药效果最佳。

【防治措施】

**1.农业防治** 清洁田园，清除杂草，结合田间夏冬两季割茎去叶，移走枝叶残体，以减少虫源。保护地栽培在条件允许的条件下，夏天进行高温闷棚，杀死虫、卵和蛹。还可进行人工摘除卵块和捕捉高龄幼虫，集中销毁，降低来年的虫口基数。

**2.物理防治** 设施栽培，利用防虫网阻隔成虫进入。根据成虫趋光性，在西瓜和甜瓜种植园悬挂风吸式杀虫灯诱杀成虫。也可使用性诱剂诱杀成虫，一般每个大棚（300米²左右）使用性诱剂诱捕器各1个。把诱捕器固定在大棚内，安置于西瓜和甜瓜茎叶上方10厘米处，建议每2天清理诱捕器下面的盛虫瓶，夜挂昼收，可以延长诱芯的使用寿命，换瓶时可把诱捕器收起放于阴凉处，以延长使用寿命。每4～6周需要更换诱芯，在使用一段时间后，诱芯诱虫效果降低可二并一继续使用，以提高诱虫效果，节省诱芯。棉铃虫一般5～7月开始发生，8～10月大量发生，推荐在7～10月连续使用性诱剂，以减少农药的使用。

**3.生物防治**

（1）生物农药。加强监测预警，当害虫发生达到防治指标时，应掌握在卵孵化高峰和低龄幼虫期，选用1%苦皮藤素水乳剂每亩90～120毫升或32 000单位/毫克苏云金杆菌可湿性粉剂每亩40～60克、60克/升乙基多杀菌素悬浮剂每亩20～40毫升，叶面喷雾。

（2）生物天敌。通过人工释放赤眼蜂达到控制害虫为害的目的。

**4.化学防治** 加强监测预警，当害虫发生达到防治指标时，应掌握在卵孵高峰和低龄幼虫期，选用10%溴氰虫酰胺可分散油悬浮剂每亩19.3～24毫升或5%氯虫苯甲酰胺悬浮剂每亩30～60毫升、25%甲维·虫酰肼悬浮剂每亩40～60毫升，叶面喷雾。要注意农药的合理交替使用，延缓害虫对农药产生抗性。

## 黄足黄守瓜 ·······································

**分类地位** 黄足黄守瓜（*Aulacophora femoralis chinensis* Weise），属鞘翅目（Coleoptera）叶甲科（Chrysomeloidea）害虫，别名瓜守、黄虫、黄萤等，主要为害南瓜、黄瓜、丝瓜、苦瓜、西瓜、甜瓜等瓜果类植物。

黄足黄守瓜

**为害特点** 成虫取食瓜苗的叶和嫩茎，常常引起死苗，也为害花及幼果。成虫取食叶片时，以身体为半径旋转咬食一圈，然后在圈内取食，在叶片上形成1个环形或半环形食痕或圆形孔洞（图236、图237）。幼虫在土中咬食瓜根，导致瓜苗整株枯死，还可蛀入接近地表的瓜内为害，防治不及时，可造成减产。地爬西瓜和甜瓜的果实也可被幼虫蛀食，引起内部腐烂，失去商品价值。

图236　西瓜叶片受害状　　　　　　　图237　甜瓜叶片受害状

**形态特征**

成虫：体长约9毫米，为长椭圆形，腹面后胸和腹节为黑色，其余身体部位为黄色，前胸背板长方形，鞘翅基部比前胸阔（图238）。

图238　成　虫

卵：初孵白色，以后渐变成为褐色。

幼虫：老熟时体长约12毫米，头部黄褐色，前胸背板黄色，体黄白色，臀板腹面有肉质突起，上生微毛。

蛹：长9毫米，纺锤形，乳白色带有淡黄色（图239）。

图239　蛹

| 发生代数 | 华北地区1年发生1代，华南3代 |
|---|---|
| 越冬方式 | 以成虫在地面杂草丛中群集越冬 |
| 发生规律 | 翌年春天气温度达10℃时开始活动，以中午前后活动最盛，1年发生1代的地区成虫于7月下旬至8月下旬羽化，再为害瓜类植物的叶、花或其他作物，秋季以成虫越冬 |
| 生活习性 | 喜温湿环境，湿度越高产卵量越大，每在降雨之后即大量产卵。相对湿度在75%以上卵不能孵化，卵发育历期10～14天，孵化出的幼虫可为害细根，三龄以后害主根，致使作物整株枯死。幼虫在土中活动的深度为6～10厘米，幼虫发育历期19～38天。前蛹期约4天，蛹期12～22天 |

**防治适期** 重点做好幼苗期的防治工作，控制成虫为害和产卵。

**防治措施**

**1. 物理防治** 发生严重的区域宜采用全田覆膜栽培，或在西瓜和甜瓜育苗期幼苗出土后用纱网覆盖，待瓜苗长大后撤掉纱网。

**2. 化学防治** 成虫防治药剂可选用10%氯氰菊酯乳油2 000～3 000倍液或4.5%高效氯氰菊酯乳油、25%噻虫嗪水分散粒剂3 000～4 000倍液、30%敌百虫乳油1 000倍液、25%氰戊菊酯乳油2 000倍液、10%溴氰虫酰胺可分散油悬浮剂1 500～2 000倍液，均匀喷雾；防治幼虫可选用90%晶体敌百虫1 500倍液或40%辛硫磷乳油2 500倍液灌根。

## 蛴螬 ......

**分类地位** 蛴螬是金龟甲总科幼虫的通称，俗称白土蚕。其成虫称为金龟子，常见的有铜绿丽金龟（*Anomala corpulenta*）、华北大黑鳃金龟（*Holotrichia oblita*）、黑绒金龟（*Serica orientalis*）等。

**为害特点** 成虫、幼虫均能为害植物，且食性杂。成虫啃食叶、芽、花蕾，常常将叶片吃成网状，为害严重时，可将叶片全部吃光，并啃食嫩芽，造成植株枯死。幼虫啃食根部和嫩茎，影响生长，根茎被害后，易造成土传病害及线虫的侵染，致幼苗死亡。

**形态特征**

成虫：具有飞行能力，可咬食叶片（图240）。

图240　成　虫

A.铜绿丽金色　B.华北大黑鳃金龟　C.黑绒金龟

幼虫：乳白色，体肥，并向腹面弯成C形，有胸足3对，头部为褐色，上颚显著，腹部肿胀。体壁较柔软，多褶皱，体表疏生细毛，生有左右对称的刚毛（图241）。

图241　幼　虫

A.铜绿丽金色　B.华北大黑鳃金龟

**发生特点**

| 发生代数 | 1年发生1代 |
| --- | --- |
| 越冬方式 | 以三龄幼虫或成虫在土内越冬 |

（续）

| 发生规律 | 春季土壤解冻后，越冬幼虫开始上移，5月下旬前后是为害盛期，6月初幼虫作土穴化蛹，6月中旬成虫开始出土，为害严重的时间集中在6月中旬至7月中旬 |
|---|---|
| 生活习性 | 成虫多在18:00～19:00飞出交配产卵，20:00以后开始为害，直至次日3:00～4:00重新回到土中潜伏。成虫喜欢栖息在疏松、潮湿的土壤中，潜入深度一般为7厘米左右。成虫有较强的趋光性，以晚上20:00～22:00诱集数量最多。成虫有假死性，于6月中旬产卵，7月出现新一代幼虫，取食植物的根部 |

**防治适期**　掌握好防治时机，防治成虫和幼虫相结合，将害虫种群控制在允许为害水平以下。

**防治措施**

**1.农业防治**

（1）**加强监测预警**。蛴螬属于土栖昆虫，生活、为害活动于地表下进行，隐蔽性强，并在西瓜和甜瓜苗期为害猖獗，一旦发现受害，往往已错过防治适期，因此，加强预测预报工作十分必要，一般采用虫口基数调查。虫口基数调查一般在秋后至播种前进行，选择有代表性的地块，采取双对角线定点，每1 000米$^2$设2～3个样点，每点查100米$^2$，掘土深度为3～50厘米，检查土中蛴螬种类、发育期、数量、入土深度等，统计每平方米的个头数，如每平方米中有蛴螬2头以上，应采取相应的防治措施。

（2）**田间管理**。对蛴螬发生严重的土地，深翻土壤进行晾晒，减少幼虫为害；施用腐熟有机肥，避免使用未腐熟的有机肥，因为金龟子对未腐熟的有机肥有强烈趋性，可加重为害。

**2.物理防治**　利用成虫的趋光性，在其盛发期，用黑光灯或黑绿单管双光灯诱杀成虫；利用成虫的假死性，人工摇树，使成虫掉地捕杀之。

**3.生物防治**　可用金龟子绿僵菌CQMa421（2亿个孢子/克）颗粒剂每亩2～6千克，沟施或穴施。蛴螬乳状菌可感染10多种蛴螬，可用该菌液灌根，使幼虫感病死亡。

**4.化学防治**　幼虫期可用50%辛硫磷乳油1 000倍液灌根，用药量15～25千克/米$^2$，或者在西瓜棚或大田撒施辛硫磷毒土，以辛硫磷乳油每亩400～500毫升，加细土3千克拌匀制成，结合施肥，混合撒在表土，然后浇水，以杀死幼虫，7天后进行第二次药剂防治。注意在施药前2天不能浇水，保持土壤干燥，效果较好。3月下旬、6月和8月中旬，是金龟子成虫盛发期，此时防治，效果较好。

# PART 3

# 绿色防控技术

## 农业防治 ·······································································

**1. 植物检疫**  西瓜和甜瓜检疫对象分为外检对象和内检对象。《中华人民共和国进境植物检疫危险性病、虫、杂草名录》列出的西瓜和甜瓜外检对象为细菌性果斑病，病原为燕麦嗜酸菌西瓜亚种。该病的初侵染源主要是带菌种子，远距离传播主要依靠种子的调运。因此，应加强种苗检疫，严禁带病种苗调入和调出，从源头控制病害。严禁在疫区进行繁种和从疫区调运种苗，若不得已引种时，要求供种方提供植物检疫证书；在调运其他作物及苗木时，加强对来自疫区及附近地区的带菌土壤或植物等的检疫。凡是西瓜和甜瓜等瓜类果斑病发生区域的种苗应集中销毁。

**2. 选用抗性品种**  种植者可根据西瓜和甜瓜种植地的地理条件和气候选择适宜的抗病品种。可选用高产优质、抗病虫、适应性广、商品性好、坐果能力强的西瓜品种，如早春红玉、小兰、特小凤（小果型）、早佳8424、京美4K、美都（中果型）、西农8号、墨童等。合理布局早、中、晚熟品种，能拉长西瓜供应期，提高经济效益。应以中熟品种为主，适当搭配早或中晚熟品种。

**3. 土壤消毒**

（1）**药剂熏蒸法**。可选用药剂有生物熏蒸剂和烟雾剂。

①生物熏蒸剂。选用20%辣根素水乳剂每亩1升，使用常温烟雾施药机或喷雾器均匀喷施于棚室内部，或将20%辣根素水乳剂每亩3～5升加入施肥罐，通过滴灌系统随水均匀滴于土壤表面。因辣根素对人体有极强刺激性，施药时必须穿戴专业防护用具，如眼罩、口罩、手套、防护服等。施药后密闭棚室5～7小时。敞气2～3天即可定植。施肥装置选用压差式或文丘里式，施药前先用清水将药剂稀释混匀，再将稀释液倒入施肥罐中。施药后需用清水冲洗管道，防止设备腐蚀。

②烟雾剂。杀虫剂选用15%敌敌畏烟剂每亩600克、22%敌敌畏烟剂每亩400克、10%异丙威烟剂每亩400克或20%异丙威烟剂每亩300克；杀菌剂选用10%百菌清烟剂每亩800克、40%百菌清烟剂每亩200克、10%腐霉利烟剂每亩300克、15%腐霉利烟剂每亩333克或25%腐霉·百菌清烟剂每亩250克，施药时多点布放，布点均匀。出烟后迅速离开，以

防中毒。施药后密封4小时以上，次日打开通风放烟后方可进入。施放烟雾时要避开作物及易燃物品，将烟放置于过道用砖头或石头垫起（不可用木块），或用铁丝将烟剂支离地面20～40厘米。施药时应戴口罩和手套。

（2）**威百亩土壤消毒**。棚室生产的西瓜、甜瓜，选择夏季休闲期开展土壤消毒，把土地整平后，在翻地前3天灌水，使土壤充分湿润，湿度在30%～50%为宜。深翻30～40厘米，土地深翻后开沟施药，每亩施入威百亩水剂25～40千克，兑水500千克，施药后随即覆土盖膜，密闭10天，敞气晾晒10天可定植作物。

注意敞气晾晒时间一定要充足，防止产生药害。

### 4. 种子处理

（1）**干热处理**。将需要干热处理的种子放在70℃的干燥箱中处理3～4天。应注意以下三点：种子含水量控制在5%以下，否则影响种子活力；应在播种前进行处理，灭菌后的种子不易储存；处理过程中需保证种子受热均匀。如干热处理对黄瓜绿斑驳花叶病毒病（CGMMV）等种传病毒病有良好的防治效果。

（2）**温汤浸种**。温汤浸种具有经济、简便、省时省力等优点。先将种子放入55℃温水中，不断朝一个方向搅拌15分钟，自然冷却降温后，浸种4～6小时，或直接采用55℃温水浸泡种子，不断朝一个方向搅拌，随水温降低不断加入热水，使水温稳定在53～56℃，浸种15～30分钟。

（3）**酸处理**。将需要酸处理的种子浸泡于0.1%稀盐酸或稀醋酸、稀柠檬酸溶液中，搅拌后浸泡15～20分钟，浸泡后用清水洗净，将种子表面残留酸液清洗干净。

（4）**碱处理**。将需要碱处理的种子浸泡于10%磷酸三钠溶液或2%氢氧化钠溶液中，搅拌后浸泡40～60分钟，浸泡后用清水洗净。

（5）**药剂拌种**。可选用50%福美双可湿性粉剂、75%百菌清可湿性粉剂、70%代森锰锌可湿性粉剂等药剂拌种，用药量为种子重量的0.2%，使每粒种子均匀黏附一层药剂，通常在播种前现用现拌。

（6）**药剂浸种**。可使用50%多菌灵可湿性粉剂等药剂兑水稀释成一定浓度的药液，将种子浸入药液中1小时，再用清水冲洗干净，晾干种子表面水分后，再进行播种。需要恰当控制所选药剂的品种及浓度、浸泡时间和浸泡温度等，以免影响浸种处理效果和造成药害。

**5.合理轮作** 西瓜和甜瓜在一块地混种多年，极易暴发病害，因此应合理轮作。轮作倒茬可根据不同作物情况，突出有利因素，避免不利影响。不同气候生态区耕作制度不同，西瓜与前后茬作物的安排也有区别。如东北、西北一年只栽一季瓜，前茬多以牧草、小麦和休闲地为佳；在枯萎病高发的地区，以水稻为西瓜的前茬对防病有利，最好不以蔬菜、瓜类、油料作物作为前茬。华北一年两熟耕作区，西瓜的前茬以玉米、谷子为最好，花生、大豆因地下害虫多不宜作为前茬。在南方一年三熟耕作区，平原地区多以水稻为前茬或与小麦、油菜、蚕豆等越冬作物套种；丘陵地区多以马铃薯、玉米为前茬，设施内可与葱蒜类、十字花科作物、芹菜、莴苣等作物轮作。

**6.嫁接** 嫁接可以缩短西瓜和甜瓜的轮作年限，有效地防止枯萎病的发生，提高西瓜和甜瓜的耐寒能力。目前，西瓜和甜瓜嫁接砧木以葫芦砧和南瓜砧为主，葫芦和南瓜比西瓜和甜瓜的耐寒力强，在15～18℃的低温下仍能正常生长，这对解决早春西瓜和甜瓜因温度过低造成的生长缓慢问题非常有利，也给早熟栽培提供了技术基础。葫芦是在早期生产中使用最多的砧木，其优点是与西瓜的亲和性良好而稳定、长势稳定、对西瓜的品质无不良影响，但抗寒、抗病能力要比南瓜砧木差，尤其是对炭疽病基本无抗性，且连续多年种植会增加枯萎病的发生率，且植株容易早衰。

温·馨·提·示

　　近几年来，南瓜砧木因其根系发达，抗炭疽病、抗枯萎病、耐寒性、耐热性强，长势旺，产量高等优点使用量越来越大，逐渐成为主流。但其与西瓜的亲和性较葫芦砧木差，不抗白粉病，且容易导致果实品质下降。

# 物理防治

**1.防虫网覆盖** 适用于保护地生产的西瓜和甜瓜，实行全生育期覆盖。在大棚通风口、进门处铺设防虫网，可防止有翅蚜、斑潜蝇、粉虱等飞行害虫进入棚室为害及产卵。

**2.色板诱杀** 苗期和定植后，害虫发生前期至初期，悬挂黄色粘虫板诱杀有翅蚜、粉虱成虫、斑潜蝇等害虫；悬挂蓝色粘虫板诱杀蓟马成虫。苗棚内以粘虫板底边高出瓜苗顶端5～10厘米为宜；在生产棚室或露地以高出20厘米左右为宜。当虫量较多时每亩设置中型板（25厘米×30厘米）30块左右，大型板（30厘米×40厘米）25块左右。粘虫板通常45天左右更换一次，但在虫量较多，粘虫板粘满害虫时需及时更换，并妥善处理。

**3.杀虫灯诱杀** 瓜绢螟和其他鳞翅目害虫成虫盛发期安装杀虫灯或黑光灯可诱杀成虫，降低落卵量。

**4.信息素诱剂** 悬挂商品化的专用性信息素性诱剂，诱杀雄虫减少产卵量，降低虫口数量。

## 生物防治

**1.病害生物防治** 常用的生物制剂有解淀粉芽孢杆菌、枯草芽孢杆菌可湿性粉剂和木霉菌制剂、哈茨木霉菌、寡雄腐霉、枯草芽孢杆菌制剂、链霉菌制剂、乙蒜素等。

**2.虫害生物防治**

（1）**生物农药** 防治蚜虫、蓟马、粉虱和斑潜蝇，可选用除虫菊素600倍液、鱼藤酮600倍液及矿物油200倍液进行叶面喷施；种群数量大时，可连续施药3次，每次间隔3～7天，叶片正、背面及茎秆需均匀着药，以便药液能够充分接触到虫体。防治鳞翅目害虫可选用苏云金杆菌、乙基多杀菌素进行防治。地下害虫可选用白僵菌、绿僵菌制剂进行防治。

（2）**生物天敌** 保护地生产时，防治蚜虫、蓟马、粉虱和斑潜蝇可应用异色瓢虫、东亚小花蝽、捕食螨和烟盲蝽防治；也可应用寄生蜂防治鳞翅目害虫。应用螟黄赤眼蜂防治鳞翅目害虫，每代释放2～3次。初次放蜂：害虫卵量不大，放蜂量可少些（每次每亩0.5万～1万头）。卵孵化始盛期：应加大放蜂量（每次每亩1.5万～2万头）。应用松毛虫赤眼蜂防治每亩放蜂量一般4万～6万头，放蜂3～5次。在害虫产卵初期开始放蜂，每次放蜂间隔5～7天。玉米螟赤眼蜂在玉米螟产卵初期挂放长效蜂卡，每亩8～10卡，均匀挂放，根据害虫发生程度，每次放蜂8 000～15 000头，连续放蜂2～3次。

## 化学防治

在杂草防控、某种病虫害突然大面积暴发或可预测将来大面积暴发为害时无其他有效防控措施情况下，采用新型、低毒、低残留化学农药进行防控。化学农药施用应遵循以下几个原则：

**1.不可替代原则** 即在某种病虫害突然大面积暴发或可预测将来大面积暴发为害时，无其他有效防控措施替代情况下，方可采取化学防控手段，果实成熟上市前，禁止喷施化学农药。生产上有些种植户对化学农药过于依赖，而对农业、物理、生物等防治措施应用不多，且化学农药施用不科学，不仅会造成农产品质量安全问题，也会使果园生态环境恶化，严格控制化学农药的施用势在必行。

**2.新型、低毒、低残留化学农药原则** 在采取化学农药防治时，须选用新型、低毒、低残留农药品种，杜绝选用限用农药和禁用农药。施用新型、低毒、低残留农药，可减少农药残留，以最大限度保障农产品质量安全，减轻对生态环境的污染，还可减轻对天敌的伤害。

**3.轮换用药原则** 在采取化学防治时要轮换用药，轮换用药最大的优点是延缓和减轻有害生物抗药性的发生，同时也可以防止害虫的再猖獗。

**4.关键时期用药原则** 在采取化学防治时，把握靶标生物防控的关键时期（防治适期），防控工作能达到事半功倍的效果，错过防控适期，化学防控也不能取得理想的效果。

**5.高效喷雾药械原则** 从施药机械方面来说，我国手动喷雾器承担了近80%的防治任务，其农药利用率一般在20%～40%，背负式机动弥雾器的农药利用率一般在30%～50%，而担架式机动喷雾器和踏板式喷雾器，由于使用喷枪喷洒而非喷雾，农药利用率不到15%。在病虫害化学农药防控工作中，提倡选用具有超低量喷雾、静电喷雾、控滴喷雾、生物最佳粒径等技术的喷雾药械进行防控。与传统喷雾药械相比，这些药械喷施时药液颗粒直径在80～150微米，雾化均匀，农药吸收利用率大幅提升，不仅能够提高防治效果，而且能够降低农药使用量，从而达到减药、节水、省工的目的，在取得较好防控效果的同时也保障了农产品质量安全和生态环境安全。

　　在病虫害防控中，由于药械的落后导致化学药液的浪费，不仅严重污染生态环境，而且易引起农残超标，对农产品质量安全构成巨大的威胁。

## 农药安全使用规范 ·······································

### 1. 农药选择

（1）严禁选用国家禁止使用的剧毒、高毒农药用于西瓜和甜瓜生产。

（2）根据西瓜和甜瓜上市时间和农药安全间隔期选择农药，防止出现农药残留超标。

（3）要依据农药产品登记的作物和防治对象选择农药。

### 2. 根据生产西瓜和甜瓜标准选择

根据基地认证的西瓜和甜瓜生产标准（有机、绿色），选择生产标准内允许使用的农药。

### 3. 根据生态环境安全要求选择

（1）优先选择安全的非化学农药产品，选择化学农药时优先选择高效低毒型。

（2）要考虑选择的农药对处理作物、周边作物和后茬作物的安全性，对天敌、蜜蜂等生物及生态环境的安全性。

（3）一个作物生长季节应选择不同作用机理的农药品种交替使用，提高防治效果，避免产生抗药性。

### 4. 农药购买

（1）查看农药标签，是否有3证（农药生产许可证或者农药生产批准文件、农药标准和农药登记证），注意产品的质量保证期，避免购买假冒伪劣和过期农药。

（2）从外观判断农药的质量。粉剂、可湿性粉剂、水分散粒剂、可溶性粉剂等固体剂型如果分散性不好、有结块，说明该产品受潮，有效成分含量可能发生变化或变质。乳油、乳剂或水剂等液态剂型，外观要求均匀、不分层或透明，如有分层、浑浊或结晶析出，且在常温下结晶不消失，说明存在一定质量问题。颗粒剂要求颗粒完好率在85%以上，如果破碎多、呈粉末状则可能失效。

**5.农药配制**

（1）采用二次稀释法配制。先用少量水将农药制为母液，然后将母液进一步稀释至所需要的浓度；如果是用固体载体稀释的农药，应先用少量稀释载体（细沙、细土等）将农药制剂稀释为均匀的母粉，再进一步稀释成所需要的用量。

（2）农药混配时要注意查看使用说明，不确定能否混配时应咨询植保技术人员，避免混配导致降低药效或发生药害。不能混配的情况包括：遇碱性物质分解、失效农药；混合后产生化学反应，以致引起植物药害的农药不能混用；混合后出现乳剂破坏现象的农药剂型不能混用；混合后产生絮结或大量沉淀的农药剂型不能混用。

**6.施药器械**　综合考虑防治对象、场所、作物种类和生长时期，农药剂型、防治方法和防治规模等因素，选择高效施药机械，提高用药效率，节省劳动力。可使用国家认可的背负式机动弥雾器、常温烟雾施药器，热力烟雾器、静电喷雾器等。

**7.施药方法**　应按照农药标签或说明书规定，根据农药作用方式、剂型、作物种类和防治对象及生物行为等情况选择合适施药方法。例如常温烟雾施药不增加棚室内湿度，适合防治设施内病虫害；烟熏法适合在秋冬季棚室中防治粉虱、蚜虫等小型害虫和气传病害；土壤熏蒸法适合在作物定植前进行土壤的消毒处理，防治土传病虫害；拌种法适合防治种传或者苗期的病虫害；撒施法适合防治地下害虫、线虫等。

**8.安全防护**　配制和施药人员应身体健康，经过专业技术培训，具备一定的植保知识。施药人施药时将农药标签随身携带，根据农药毒性及施用方法、特点配备防护用具，如防护面具、防护服、防护胶靴、手套等。

**9.药害发生后的补救措施**

（1）叶面和植株喷药后引起的药害，如发现及时，可迅速用清水喷洒受害部位，反复喷洒2～3次，并增施磷、钾肥和植物免疫诱抗剂，中耕松土，促进根系发育，增强作物恢复能力。

（2）对叶面药斑、叶缘枯焦或黄化的药害，可增施肥料，促进植物恢复生长。

（3）对抑制或干扰植物生长的除草剂，在发生药害后可喷洒赤霉酸、芸薹素内酯等激素类植物生长调节剂，缓解药害。

# 附录
## 主要病虫害防治历

| 生育期 | 时间 | 防治技术 |
|---|---|---|
| 苗期至定植期 | 1月中旬至5月上旬 | ①严格检疫，保障种苗健康。<br>②种子处理：72%硫酸链霉素1 000倍液浸种60分钟后催芽，或用40%甲醛200倍液浸种30分钟；种子在72℃干热处理72小时，防治细菌性果斑病和病毒病。<br>③轮作：与水稻、非瓜类作物轮作3年以上。<br>④嫁接：用葫芦和白籽南瓜作为砧木嫁接防治枯萎病。<br>⑤猝倒病、疫病和立枯病：可用寡雄腐霉10 000倍液、60%锰锌·氟吗啉可湿性粉剂1 500倍液、40%多·福可湿性粉剂400倍液、30%噁霉灵水剂1 000倍液苗床喷淋防治。<br>⑥枯萎病：可用70%敌磺钠可溶性粉剂每亩250～500克、15%络氨铜水剂200～300倍液、50%咪鲜胺锰盐可湿性粉剂800～1 500倍液、15%咯菌·噁霉灵可湿性粉剂300～353倍液进行灌根或叶面喷雾。<br>⑦蚜虫：可用40目防虫网隔离，并悬挂黄色粘虫板诱杀，可释放异色瓢虫等天敌进行防控，也可用5%吡虫啉可湿性粉剂900～1 200倍液、25%噻虫嗪水分散粒剂6 000～8 000倍液、22.4%螺虫乙酯悬浮剂3 000～4 000倍液防治。<br>⑧蓟马：可悬挂蓝色粘虫板诱杀，可释放东亚小花蝽防控，也可用60克/升乙基多杀菌素每亩10～20毫升、3%啶虫脒乳油1 000～1 500倍液防治 |
| 伸蔓期 | 4月下旬至5与上旬 | ①蔓枯病：可选用22.5%啶氧菌酯悬浮剂每亩35～45毫升、24%苯甲·烯肟菌悬浮剂每亩30～40毫升、40%苯甲·吡唑酯悬浮剂每亩20～25毫升、40%双胍三辛烷基苯磺酸盐可湿性粉剂800～1 000倍液及24%双胍·吡唑酯可湿性粉剂1 000倍液。<br>②霜霉病：在雨季来临时可采用80%三乙磷酸铝可湿性粉剂每亩117.5～235克、722克/升霜霉威盐酸盐水剂每亩60～100毫升、20%氰霜唑悬浮剂每亩30～40毫升、25%氟吗啉可湿性粉剂每亩30～40克、50%烯酰吗啉悬浮剂每亩35～40毫升。<br>③炭疽病：可用24%苯甲·烯肟菌悬浮剂每亩30～40毫升、40%苯甲·吡唑酯悬浮剂每亩20～25毫升、35%氟菌·戊唑醇悬浮剂每亩25～30毫升、43%氟菌·肟菌酯悬浮剂每亩15～25毫升、60%唑醚·代森联水分散粒剂每亩60～100克、45%双胍·己唑醇可湿性粉剂1 500～2 000倍液、325克/升苯甲·嘧菌酯悬浮剂每亩30～50毫升、560克/升嘧菌·百菌清悬浮剂每亩75～120毫升。<br>④病毒病：重点防治传毒媒介蚜虫。发病初期喷施6%寡糖·链蛋白可湿性粉剂每亩75～100克或20%吗胍·乙酸铜可湿性粉剂每亩167～250克、5%氨基寡糖素水剂每亩86～107毫升、2%香菇多糖水剂每亩34～42毫升、50%氯溴异氰尿酸可溶性粉剂每亩45～60克防治 |

| 生育期 | 时间 | 防治技术 |
|---|---|---|
| 开花坐果期 | 5月上旬至6月上旬 | ①灰霉病：可选用50%腐霉利可湿性粉剂每亩50～100克、50%抑菌脲可湿性粉剂每亩50～100克、30%咯菌腈悬浮剂每亩9～12毫升、50%啶酰菌胺水分散粒剂500～1 000倍液进行防治。<br>②二斑叶螨：发生初期可释放智利小植绥螨防控，每亩释放5 000～10 000头，一般整个生长季节释放2～3次；巴氏新小绥螨，每亩释放14 000～20 000头，一般整个生长季节释放2～3次；也可用1.8%阿维菌素乳油3 000～5 000倍液、73%炔螨特乳油1 000～1 500倍液、30%腈吡螨酯悬浮剂2 000～3 000倍液、30%乙唑螨腈悬浮剂3 000～6 000倍液防治。<br>③瓜绢螟：在三龄幼虫出现高峰期前，选用生物农药16 000单位苏云金杆菌可湿性粉剂800倍液、10%溴氰虫酰胺可分散油悬浮剂1 500倍液、5%氯虫苯甲酰胺悬浮剂1 000倍液防治 |
| 果实膨大期 | 5月下旬至7月上旬 | ①白粉病：在高温干燥和高湿交替出现时，加强防控，及时用4%四氟醚唑水乳剂每亩50～80克、50%嘧菌环胺水分散粒剂每亩75克、20%三唑酮乳油2 000倍液、10%苯醚甲环唑水分散粒剂每亩20～40克、40%氟硅唑乳油每亩10～12毫升、25%乙嘧酚磺酸酯微乳剂每亩15～18克。<br>②叶枯病：发病初期可选用75%百菌清可湿性粉剂每亩107～147克、50%福美双可湿性粉剂500～1 000倍液、70%甲基硫菌灵可湿性粉剂600倍液、80%代森锰锌可湿性粉剂800倍液。 |
| 结果中后期 | 6月中下旬至7月下旬 | ③菌核病：甜瓜坐果后及生长后期，棚内湿度较高，注意加强防控，生产中可用50%咯菌腈悬浮剂5 000倍液、50%异菌脲可湿性粉剂500倍液、50%腐霉利可湿性粉剂500倍液、50%啶酰菌胺水分散粒剂1 200倍液防治。<br>④鳞翅目害虫（甜菜夜蛾、斜纹夜蛾、棉铃虫）：在卵孵化高峰和低龄幼虫期，可选用5%氯虫苯甲酰胺悬浮剂每亩45～60毫升、10%溴氰虫酰胺悬乳剂每亩10～23毫升、5%高氯·甲维盐微乳剂每亩30～40毫升、20%虫酰肼悬浮剂每亩75～100毫升防治。<br>⑤粉虱：可用35%吡虫啉烟雾剂熏蒸大棚，或用灭蚜松、敌敌畏或异丙威烟剂熏蒸杀灭成虫；也可用25%噻嗪酮可湿性粉剂2 500倍液、25%噻虫嗪水分散粒剂每亩4～8克或40%螺虫乙酯悬浮剂每亩12～18毫升，或60%呋虫胺水分散粒剂每亩10～17克，或10%吡虫啉可湿性粉剂1 000倍液叶面喷雾防治 |

# 主要参考文献

北京市农业技术推广站, 北京市西甜瓜创新团队, 2019. 北京市西甜瓜产业发展研究 [M]. 北京: 中国农业科学技术出版社.

陈开端, 韩翠婷, 戴峥峰, 等, 2019. 浅谈西甜瓜蔓枯病和枯萎病的诊断与防治[J]. 中国蔬菜(8): 104-105.

郭书谱, 张其安, 陈诗平, 等, 2010. 新版蔬菜病虫害防治彩色图谱[M]. 北京: 中国农业大学出版社.

李宝深, 黄成东, 刘全涛, 2010. 2010年曲周县南部西瓜病虫害防治经验谈[J]. 现代农村科技(23): 27-29.

林怀华, 2003. 北海市西瓜甜瓜病虫害名录[J]. 广西热带农业, 88(3): 19-23.

李基光, 罗赛男, 张屹, 等, 2015. 大棚西瓜长季节栽培主要病虫害及无公害防控措施[J]. 湖南农业科学(5): 35-37.

李婷, 李金萍, 张容, 等, 2020. 精品网纹甜瓜栽培技术[M]. 北京: 中国农业科学技术出版社.

李婷, 李云飞, 朱莉, 等, 2020. 设施甜瓜栽培与病虫害防治百问百答[M]. 北京: 中国农业出版社.

吕佩珂, 苏慧兰, 高振江, 等, 2017. 西甜瓜病虫害诊治原色图谱[M]. 北京: 化学工业出版社.

王怀松, 胡俊, 赵廷昌, 2013. 西甜瓜种传细菌性果斑病综合防控技术[J]. 中国蔬菜(5): 29-30.

王少丽, 张友军, 徐宝云, 2012. 北京地区西瓜蚜虫的发生规律及药剂防治研究[J]. 中国植保导刊, 32(10): 44-46.

王艳梅, 董艳丽, 胡明才, 2012. 西瓜主要病虫害的识别及防治[J]. 中国园艺文摘, 4 (12): 144-145.

谢立群, 许田芬, 李凌, 2008. 苏州地区为害西瓜的两种主要害虫的生物学特性及综合防治[J]. 南方农业, 2(2): 35-38.

徐丹丹, 王少丽, 2019. 我国二斑叶螨抗药性现状及抗性基因突变频率检测[J]. 中国瓜菜, 32(8): 155-156.

许田芳, 2008. 西瓜病虫害的种类及生物学特性研究[D]. 苏州: 苏州大学.

扬先, 2005. 美洲斑潜蝇在蔬菜上危害特点和防治技术[J]. 当代蔬菜(8): 39.

姚张良, 冯明慧, 吴嘉维, 等, 2019. 不同药剂对棚室内甜瓜白粉病的防治效果[J]. 中国植保导刊, 39(5): 70-73.

张保东, 江姣, 等, 2018. 图说西甜瓜健康栽培与病虫害防控技术问答[M]. 北京: 中国农业科学技术出版社.

张民照, 覃晓春, 布·布尔玛, 等, 2019. 北京大兴春棚瓜类多食性害虫种类及动态调查[J]. 中国农学通报, 35(8): 91-96.

张民照, 覃晓春, 闫哲, 等, 2019. 北京昌平春棚西瓜害虫种类及种群动态[J]. 中国瓜菜, 32(8): 109-114.

赵廷昌, 古勤生, 宋凤鸣, 等, 2015. 西瓜、甜瓜主要病虫害防治要领[M]. 北京: 中国农业科学技术出版社.

郑刚, 刘美良, 2006. 蔬菜潜叶蝇的危害症状与综合防治[J]. 农业与技术(5): 117.

郑霞林, 杨永鹏, 2009. 西瓜3种主要害虫的综合防治[J]. 植物医院(5).

中国科学院动物研究所, 1986. 中国农业昆虫上册[M]. 北京: 农业出版社.

中国科学院动物研究所, 1987. 中国农业昆虫下册[M]. 北京: 农业出版社.

周文静, 2012. 海南大棚西瓜主要病原真菌鉴定及化学防治初步研究[D]. 海口: 海南大学.

## 图书在版编目（CIP）数据

西瓜 甜瓜病虫害绿色防控彩色图谱/李金萍，尹哲，孙贝贝主编．—北京：中国农业出版社，2022.6
（扫码看视频·病虫害绿色防控系列）
ISBN 978-7-109-29705-0

Ⅰ.①西… Ⅱ.①李… ②尹… ③孙… Ⅲ.①西瓜-病虫害防治-图谱②甜瓜-病虫害防治-图谱 Ⅳ.①S436.5-64

中国版本图书馆CIP数据核字（2022）第120854号

中国农业出版社出版
地址：北京市朝阳区麦子店街18号楼
邮编：100125
责任编辑：谢志新 郭晨茜 孟令洋
版式设计：郭晨茜 责任校对：吴丽婷 责任印制：王 宏
印刷：北京缤索印刷有限公司
版次：2022年6月第1版
印次：2022年6月北京第1次印刷
发行：新华书店北京发行所
开本：880mm×1230mm 1/32
印张：4.75
字数：150千字
定价：38.00元